史上最強！

水波爐
脫油減鹽料理
117

水波爐同樂會 ── 著

推薦序

健康是現代人重視且不斷嘗試並努力的課題，但健康不能只是口號，而必須付諸實踐執行，然而吃下或喝入再多的保健品，還不如從一日三餐的日常飲食開始做起。

我發現我週遭的朋友每每在聚會時，都會一直說『不能再外食了，這樣一點都不健康。』但下一句卻變成了『哎喲！算了，工作都累死了，誰還想要自己做飯……』想想也是，從想配菜到買菜，然後備菜最後到煮菜，繁瑣的流程光想，都令人卻步。很榮幸受到悅知文化及「水波爐同樂會」的邀請，為這本《史上最強！水波爐脫油減鹽料理 117》寫序，相信本書一定能成為留在身邊一輩子的書，並為大家解決許多的困擾。

我想大家應該不知道「水波爐」這三個字，已有商標註冊（商標審定號：01572537）了。那麼，就讓我來說一下 SHARP 水波爐的歷史吧！在 1962 年約半個世紀前，日本夏普生產了第一台微波爐，後來為了健康、美味、安全，日本夏普不斷努力研發，以過熱水蒸氣原理烹煮食物的水波爐，終於在 2004 年正式問世。但用水煮菜，怎麼可能？在我接觸 SHARP 水波爐之前，相信一定有很多人會跟我有著同樣的疑問，這樣一個長方型體積的產品，居然申請了超過 500 多項專利？尤其是運用過熱水蒸氣可將食材內外部的油脂及鹽份帶走。大量的過熱水蒸氣＋密閉式爐內遇能製造出低氧的烹調環境，完整保留下食物的營養成份，並留住原味及濃縮出食材的甜美滋味。

之前很多朋友都會托人從日本代購水波爐回台灣，但總苦於產品裡面提供的食譜全都是日文，看著一張張美美的食物照，卻無法如法炮製，實在令人捶胸頓足。現在，台灣夏普已正式推出原廠落地服務，再加上有了這本萬用的料理書，朋友來家辦桌，都不是問題了！

台灣夏普公司總經理

張凱傑

十年前因小女兒的健康，踏上尋找真食物之路創立吉品養生，除了養殖無毒蝦之外，更上山下海追尋安心無毒的食材，對於能夠保留食物原味、健康烹調的料理方式更是持續嘗試研習。2015 年，接下永齡農場執行長職位，每日接觸到許多豐富且多元有的機蔬果來源，便思考如何將它們烹調成一道道美味又健康的料理，從此成為生活裡最大的課題。

因緣際會之下接觸到了夏普水波爐，其快速方便、脫油減鹽又能保留食物營養的特性，與追求食材原味的我一拍即合，有幸拜讀了水波爐同樂會的第一本著作，淺顯易懂的文字與流程說明，領著我輕鬆做出一道道美味料理。引頸期盼許久，第二本《史上最強！水波爐脫油減鹽料理 117》終於要出版了！上百道特色料理一字排開，讓我迫不及待想要動手嘗試，若妳跟我一樣做菜時心頭裡總念著的是「美味料理、優雅上桌」，請記得穿得美美的，帶上這本《史上最強！水波爐脫油減鹽料理 117》走進廚房動手燒菜囉！肯定不會讓你失望。

永齡農場／吉品養生執行長

白佩玉

推薦序

這本書的出版很特別的地方是由使用者分享自己的配方,每一張圖片、每一道料理,都是真真正正使用水波爐真實做出來的。這樣由網友共同發起、共同完成,無論是素人、料理部落客或是職人,都透過網路社團集結在一起,努力著為自己的喜好發聲,讓人感到網路世代不一樣的力量。

能看到有網路社團願意這樣無私地分享個人的使用經驗,實在是件令人感動的事,希望讀者在看這本書時,也能感受到這份特別的心意。

中部電機經理

黃正儀

新世代的蒸氣烤爐,亦名「水波爐」,是忙碌現代人的好幫手。不但加熱效率高,烹煮方式多樣化,也有很多方便好用的便利機能。但是在台灣,水波爐還沒到家家普及的地步,也仍有許多人無法活用其功能。

水波爐同樂會聚集了排常多的水波爐同好,社員經年累月的經驗分享與累積,整個社團猶如水波爐烹調的寶庫。這次將這些社團成員們的經驗分享集結整理成書,從使用者的角度來指導新手,對許多水波爐新手或是苦手者,都有相當大的助益。

身為社團的一份子,我很期待這本書的上市,看到許多社團朋友的知識分享開花結果,是一件很美好的事情。

水波爐專家
掌神工坊

黃俊強

猶記上次社聚時，來自四面八方的大家，只因為喜歡，聚在一起開心揉麵糰、輕鬆自在玩烘焙的景象。

許多朋友剛開始接觸烘焙的時候，往往都是靠自己辛苦摸索。但在社團中，看到許多人在忙碌中還是會努力抽出個人時間，協助許多新朋友解決烘焙所遇到的問題，甚至無私地分享喜歡的配方，侃侃而談自己平常用的做法，大方而無私的討論交流，讓這些「無名的導師」成為大家在學習烘焙的路上，值得依賴的對象。之後，無論是相約聚餐、社團聚會、直播教學，甚至邀請別人到家裡面玩烘焙……，都讓我充分感受到這是個多麼樂於分享的溫暖平台。

在從事教學以來的日子裡，總免不了許多用失敗經驗換取個人技術基礎的過程，所以自己在每一次的教學中，都會講得特別仔細和囉嗦，就是希望學生們能少點兒失敗，進而慢慢增加對於烘焙的自信。如此，在這條不算輕鬆的學習路上，便能產生更多的期待與樂趣。

我很珍惜每一位因為麵包而結識、因為烘焙而交心的朋友。也很感謝能與水波爐社團中的朋友們共同成長。

當作品出爐的那一刻，我們總是心懷感激，因為在每一次分享的背後，都是大家用心的成果。我相信《史上最強！水波爐脫油減鹽料理 117》書中的每一個配方，都是大家在學習路上很好的示範，也希望讀者可以非常盡興地使用這本相當實用的工具書。當你有覺得能端出讓自己滿意的作品時，別忘記分享在自己的臉書上，讓我們也能分享你的喜悅與進步。

中壢安德尼斯烘焙坊
經營者兼麵包師
吳克己

作者序

時間真的過得好快！自 2013 年底成立水波爐同樂會以來已經四年了！原本只是希望能集合一些因日文而有使用困擾的用戶，一起分享與交流水波爐的使用方式，但在社員共同熱情的推廣與經營下，有了今天的水波爐同樂會。

2015 年時，出版了第一本水波爐專書，當時創下的銷售佳績，不但使社員人數大增，更鼓勵了社員們持續積極地投入分享，讓我們成為想了解水波爐時，一定要加入的社團。在大家不斷的努力之下，陸續成立了同名粉專、兩個部落格及 Youtube 影片區，希望能與時俱進地讓社員們有更多樣化的討論與參與方式。後來更在《小編開講》一書中，被評定為台灣成功臉書社團之一，讓我們對未來有了更多的期許。

一起研究料理、一起買、一起分享，無論是來自美國、加拿大、港澳、日本、馬來西亞還是台灣的水波爐用戶，都在水波爐同樂會共同交流切磋，讓網友在這個網路平台拉近了距離。

社團經營多年來，最自傲的特色在於不定期舉辦社聚活動，在每次社聚中，除了職人教學或用戶分享水波爐料理外，社員們更是卯足了勁，端出拿手菜色彼此交流，共享美食與料理心情，不但凝聚了社團向心力，更讓一群吃貨們培養了深刻的革命情感。

除了美食，社團討論主題從水波爐的烤架設計、食材選擇到廚房家電……等，無所不包，這次納入書中的水波爐擺放位置專欄，就是其中引起高度討論的熱門話

題。當然，除了與廠商合作團購外，還有諸如透過食材交換食譜等互惠活動方式，希望能幫社員們爭取到最優惠的購買價格。

2017 年起，我們更與原廠合作，以水波爐用戶身分活躍於全台各地的實演會場，透過實際現身說法，激勵社員從活動中磨練做菜及食譜創作的能力，並為更多的水波爐用戶提供服務。

本書結集了數十位生活料理家分享長期使用水波爐的實際經驗，無論是使用內建行程還是手動行程，都是大家嚴選平日做菜時，覺得最好吃、最方便的菜色，希望能讓讀者在忙碌的生活中，簡單、快速、優雅地上菜，給自己和家人最安心健康的飲食選擇。

在此，感謝所有參與本書製作的人，因為有你們，集合了眾人的能力，所以能達成無限的可能。感謝對於食譜書非常專業且有經驗的悅知出版社邀約，謝謝編輯詠妮在製作過程中付出的耐心。當然，也要謝謝所有水波爐同樂會中的所有社員，因為有你們，才能有今天如此美好的成果。

最後，也要感謝拿起本書的你，並歡迎你加入這個水波爐領域網路熱門搜尋 NO.1 的社團平台。

水波爐同樂會發起人

Shin Yi

目 錄

水波爐新機選購與擺放位置

水波美味料理 117

前菜與湯品

飯類與麵食

蛋、豆腐與時蔬

P169．P182．P185．P188．P190．
P196．P199．P202．P204．P211
為中部電機食譜原型，作者創意改編

01 水波爐新機選購
與擺放位置

就是愛用水波爐

作者 | wia

水波爐？蒸氣微波烤箱？

水波爐在這幾年仍持續火紅，在日本爆買的清單上也絕對少不了這款家電，更是廚房必買好物清單中的一員。但，到底什麼是水波？跟微波又有啥不同？真如傳言般萬能嗎？價格比起微波爐和烤箱來說，可是貴上了不少，到底值不值得花大筆預算購入呢？又常常聽到有人表示買了水波爐，卻因覺得不好用而後悔不已的情況……，如果自己買了，會不會也後悔呢？

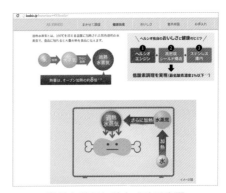

過熱水蒸氣加熱方式的示意圖

到底水波爐是什麼，得先從水波爐的特點來談起。水波其實就是過熱水蒸氣，水波爐這三個字屬於發明廠商夏普（SHARP）的專利，即使各家品牌都推出了類似的產品，但只有夏普公司的產品才能名正言順地被稱之為「水波爐」，不過，大家仍習慣把使用過熱水蒸氣這種加熱模式的烤箱，統稱為水波爐。

「過熱水蒸氣」的加熱技術是水波爐的最大特點，將水加熱到 100℃ 變成水蒸氣，再進一步把水蒸氣加熱到超過 100℃，變成無色透明的氣體，這就是過熱水蒸氣（甚至有些廠牌的過熱水蒸氣溫度，可以高到 300℃ 以上），跟微波由外而內的加熱模式不同，水波爐是藉由將過熱水蒸氣的巨大熱能，轉移到食物內部，由內

而外來加熱食物，也因為過熱水蒸氣的巨大熱能，可以快速地逼出食物的油份跟鹽分，減少食物細胞的破壞跟氧化，進一步達到脫油、減鹽以及保留食物營養素的功用，是十分強調健康，並適合忙碌現代人的調理方法。

與微波加熱的差異

過熱水蒸氣烘烤微波爐與微波爐最大的差異在於，微波會破壞食物的細胞壁，容易造成烹調後的食物無法保存營養成分，且由外而內的熱能傳導加熱法，還會導致食物表面變乾、口感不佳。而水波則是強調利用「水」的力量，過熱水蒸氣除了能有效減少食物內部多餘的脂肪外，也能同時降低油炸及燒烤食物令人擔心的油脂熱量，而高達 99.5 ％ 的水蒸氣濃度還可以減少食物內外的鹽分，達到其健康的訴求並兼具美味，這也是水波爐之所以熱賣的一大原因。

去油減鹽

透過過熱水蒸氣可將大量的熱能轉移到食物內部，食物內多餘的脂肪跟鹽分也會被融化跟排出，只保留適量的脂肪跟鹽分，食材本身則依舊保溼水嫩。

水波爐燒烤帶骨肉排，比以烤箱加熱出來的熱量更低

水波爐調理方式的減鹽率，比直接網烤調理方式高出 8 倍

以水波爐方式調理出來的食材，維他命 C 跟葉酸含量都較高

保留營養素

水波爐可以創造低含氧的環境，讓容易受氧化的營養物質，如維他命 C 等，大量地保存在食材中，也可以讓食物的細胞不受破壞，看起來漂亮、吃起來鮮美，讓身體吸收到更多所需的營養素。

科學做菜—智慧加熱感應器

水波爐內建的自動菜單，無論是廚房新手或是手拙的家庭主婦，都能以更科學精確的方式做菜，透過廠商已經測試好的爐溫跟調理時間，One touch 一鍵後，不用再擔心發生烤焦或是食材跟你裝熟這類讓人尷尬的狀況，讓料理變得更Smart、也更優雅。

智慧感測器讓加熱變得更聰明

此外，水波爐比起一般烤箱或微波爐多了智慧感應器，而且廠商各有獨家技術，不管是紅外線分區溫度感應器，還是三點重量感應器，都讓加熱變得更聰明且更具彈性。有了感應器，不但能有效率地偵測到加熱是否完成，甚至可以做到冷凍、冷藏或常溫等不同食材，同時加熱跟解凍的神奇功能。

一機多功，多機合一

水波爐一機多用可以節省下不少廚房空間，一台便足以取代烤箱、微波爐、蒸爐和氣炸鍋等，根本就是台萬用廚房器具，再加上還能複數調理一爐多菜，讓料理變得方便簡單而快速。

水波爐的主要功能

對於過熱水蒸氣烘烤微波爐
大家都有好多話想說......

到底大家覺得好不好用呢？

令意

SHARP XP-200 來到我家一年又三個多月，當初觀望了快二年，一直很擔心無法駕馭。使用後發現很容易上手，連我老公懶到只會用智慧調理的 4 個自動行程，也能為自己做頓飯。小孩最愛自動行程的蒸包子和加熱麵包，包子皮不會蒸的乾硬，麵包像剛出爐般美味。

Yiting Hsu

其實我是個不大能吃炸物的人，有了它，我不用一滴油就能吃到香酥的炸物，雖然不可能真的跟油鍋炸的成品比較，但口感已經很棒了！對我來說，水波爐優點說不完，缺點就是，我已經非常依賴它了！

Yuuli Wu

使用水波爐約兩年半，水波爐不愧是忙碌主婦好朋友，按照基本食譜，再發揮一點想像力，有時忙碌的一餐基本上不用動到爐火，在炎炎夏日可是一大福音啊！夏普的介面十分直覺化，不用想太多就能完成基本操作，覺得是很好的設計。

Jeff Su

因為看到 Panasonic 水波爐最強大的功能就是燒烤，所以為了這項功能，把它從日本扛回來。不得不說，燒烤功能真的是非常好用，比用炭火烤肉健康（不就是要健康，才買水波爐嗎？）。

Grace Chen

我用水波爐兩年多了，是去日本旅遊時，順道扛回來的。當初看上它可以一機多用，實在非常吸引我；實際使用後，覺得多功能的選單真的很方便。我最常用水波爐微波加熱、解凍、燒烤料理、烘焙糕點、內建的酥脆加熱也可以讓冷掉的炸物料理回春，水波爐的消毒食器功能也深得我心，整體來說，使用到目前大致都滿意；比較令人困擾的是用水波爐蒸煮料理時，都會在爐內殘留大量的水，蒸完要仔細擦乾，是我覺得比較麻煩的部份。

Mo Liu

小波來到我家四年多了，為了發揮它最大的價值，讓我從廚事新手進階到能做出許多以前根本不敢想像自己會做的料理，像是水波蛋、茶碗蒸、脆皮燒肉、自製火腿、法國麵包、炸蝦蛋糕、棋子派、可麗露等，以前久久才有機會在外頭嚐到的美妙滋味，現在只要想吃，就能自己動手做。

Eileen Lin

使用日立 HITACHI MRO-NS8 水波爐約兩年多，當初選擇這台 MRO-NS8 是因為它親民的價格和自扛不會超重的優勢，實際使用後礙於 MRO-NS8 為低階機種，其微波功能無法與過熱蒸氣、熱風烘烤及烤箱功能並用，使得蒸跟煎的功能幾乎等於零。但就其微波爐、烘烤及烤箱的功能，算是很不錯了，尤其是利用內建的自動行程所完成的炸物口感很讓人驚艷呢！

令意

水波爐預熱很快，火力強，能很快達到皮脆肉多汁，讓烤魚和炸雞成為家常菜，孩子好樂。容量夠大，可以蒸一大盤蔬菜，蒸大魚也不用再切成兩半了，而且進出爐方便，不易打翻湯汁。可以上烤下蒸更是厲害，一次可以出兩道以上的料理。

Yiting Hsu

水波爐使用至今已三年了，不得不說它真的是廚房神器，囊括了許多功能，一機抵多機，實實在在是煮婦的好幫手。自從家裡添購了水波爐，我三餐幾乎都會使用它，一早起床用水波爐熱牛奶泡拿鐵，午晚餐最常用來烤魚、烤肉、炸雞塊、炸豬排、烤蔬菜、蒸蛋等，消夜則是常常用來烤土司，假日利用它烤蛋糕、吐司、餅乾，三餐及點心常常離不開水波爐。

Yi-chien Li

因為用得太稱手，周遭朋友紛紛關注了這個我口中的日本好媳婦。陸陸續續買了水波爐，並加入了水波爐同樂會，真的是值得大推的好工具。

劉恩妘

使用國際牌 NNBS1000 約兩年時間，深深感佩於這台的自動偵測溫度能力，忙碌的職業婦女在時間緊迫下，完成了許多不可能的任務。燒烤出不乾柴的肉類、利用自動行程在短時間內完成許多做法繁複的菜色、解凍溫度非常精準、燙青菜功能是我的最愛。

Wan Ching Cheng

使用水波爐已超過三年了，早就佔有煮婦心目中無可取代的位置，少了它根本無法、也無心開火。諸多優點如讓煮婦更健康（少吸很多油煙）、可以同時進行多項料理、讓食物更健康、更快速，幾乎從早餐到晚餐，甚至宵夜，都可以一爐完成，講也講不完。

Mo Liu

水波爐不僅僅讓我在為家人備餐時更安心從容，更是在發想創作趣味料理上的一大幫手，小波不僅豐富了我家的餐桌菜色，同時也豐富了我的生活。

HITACHI
MRO-NBK5000

BAKERY RANGE
HEALTHY CHEF

Tam Donna

自從家中有了水波爐後，令身為家庭主婦的我輕鬆了不少。不論是孩子的早餐、下午茶還是晚餐，就連節慶送親朋的伴手禮，水波爐都能應付自如。如果要問我廚房中不可或缺的家電，除了基本的電飯鍋、冰箱外，那就非水波爐莫屬了。

Tam Donna

使用水波爐時間三年多。當初考慮各方因素，終於購入了我的東芝水波爐。會選購東芝是因為考慮到最重要的保固問題，加上香港電壓跟日本有差別，最終就選定了東芝的機種。

Jenny Lam

使用了水波爐大約有兩年多，其無油煙煮食過程、一爐多菜料理、水波爐的簡易操作版面等等，為喜歡入廚的我增添更多樂趣。早午晚三餐都離不開它了。

Jeff Su

Panasonic 水波爐跟 SHARP 比起來少了一項功能，那就是低溫與高溫消毒的功能，不然就就能消毒小朋友的奶瓶與玩具，以及要用來保存用的玻璃罐了。

Wan Ching Cheng

水波爐的缺點就是新機出得太快，每台都好想買回家，另外，沒有它，煮婦真的不知道該如何完成家人三餐，這缺點真的太大囉。最後祈求能有機會升級更高階的水波爐，讓料理時程再進化，謝謝。

令意

我家常常使用蒸煮功能，感到麻煩的地方是蒸完食物後機器會殘留很多水，要擦乾並倒掉水盒和凝結水架的水，而且要常做檸檬酸洗淨才不會阻塞管路。此外，火力強，烘焙溫度都要重新調整，烘烤火力多集中在中間，不要一次烤太多食材和記得調爐才能有均勻的烤色。

Yi-chien Li

自 2015 年水波爐來到我家後，煮婦人生變得大大不同。從對烘焙一竅不通到能做出家人和朋友喜歡的麵包、蛋糕和鹹派，現在它已成為我生活中不可或缺的好幫手。

劉恩妘

缺點是烘烤火力較強，需依經驗調整烘烤時的烤焙溫度。

四大品牌各有特色

作者 | wia

夏普 SHARP

從 2004 年夏普發表了第一代的水波爐 AX-HC1 開始，經歷了十三年的演變跟進化，由該公司推出的水波爐機型都會冠上 HEALSIO 的產品名，這個字在夏普的開發原意，就英文字義是 Healthy（健康），就日本音義則是 Heal salt（減鹽），用來強調自家水波爐的健康調理。夏普水波爐特點如下：

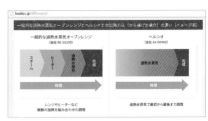

主動式過熱水蒸氣噴射系統

獨創的主動式過熱水蒸氣噴射系統

先將水加熱到超過 100℃ 的過熱水蒸氣後，再噴射到爐內，因為過熱水蒸氣的加熱效率好，高濃度的過熱水蒸氣，讓脫油與減鹽效果更佳。

獨創上烤下蒸分別加熱模式

自動菜單完全零微波

利用過熱水蒸氣進行加熱，無需考慮是否能使用金屬器皿，或擔心微波的電磁波。

COCORO AI 智慧語音系統

上烤下蒸的雙階不同調理

獨創的上烤下蒸設計，不同調理方式充分發揮一爐多菜功能讓料理快速而方便。

圖形化的直覺操控介面

不用擔心看不看的懂日文，直覺的圖片操作讓人一眼就了解是什麼料理行程。

直覺式的大型彩色操控介面

COCORO AI 語音助理功能

可以透過語音方式來操控水波爐，另外，還會自動建議菜色調理模式。

夏普：機種主要功能與差異比較表（以 2017 年發表機種比較）

機種分類	XW400 旗艦機種	AW400 次階機種	AS400 中階機種	CA400 入門機種
加熱效率	最佳	一般	一般	一般
過熱水蒸氣	三重噴射技術	單噴射技術	單噴射技術	單噴射技術
自動菜單	400 多道	200 多道	200 多道	100 多道
爐內容量	30L	26L	26L	18L
幾段調理	兩段調理	一段調理	一段調理	一段調理
功能螢幕	4.3 吋 彩色觸控螢幕	4.3 吋 彩色觸控螢幕	3.5 吋 白色背光螢幕	2.6 吋 白色背光螢幕
自動菜單選項	圖片顯示	圖片顯示	文字	文字
同時調理	上烤下蒸 兩段調理	只能一段調理	只能一段調理	只能一段調理
語音功能	搭載 COCORO 語音 AI 系統	搭載 COCORO 語音 AI 系統	無	無

（資料來源：參考日本夏普官網）

日立 HITACHI

日立過熱水蒸汽微波烤爐獨創的麵包機搭載功能，從揉麵到烘烤可以一機搞定，加上比其他品牌稍大的容量，與台灣人很喜歡的大火熱炒模式，也很受歡迎。另外，其特殊可吸收微波的煎烤盤，可達到雙面燒烤、雙面酥脆的效果，在製作烤與炸類的料理時，十分實用。

麵包機搭載

獨創麵包機搭載，不需要另行添購攪拌機，還省下放置麵包機的空間，烘烤吐司只要一鍵就搞定。

重量跟紅外線雙重感應器

透過 8 眼紅外線分區感應及三點重量感應，測量食物的重量跟溫度，做到智慧加熱以及智慧解凍，降低食物受熱不均的風險。

獨創紅外線溫度跟三點重量雙重感應器

雙面燒烤

透過可微波的燒烤盤，可達成上方燒烤、下方微波加熱的雙面燒烤。

大火力熱炒模式

底部高溫燒烤的同時，還可以利用蒸氣進行蒸烤，來完成大火力快炒的效果。

底部微波燒烤加上蒸氣的快炒模式

日立機種的主要功能差異比較（以 2017 年機種比較）

機種分類	SBK1/SV3000 旗艦機種	TW1 次階機種	TS8 入門機種	TS7 入門機種
麵包機搭載	SBK1 內建 / SV3000 無	無	無	無
加熱效率	最佳	次佳	一般	一般
過熱水蒸氣	ボイラー 熱風式	ボイラー 熱風式	ボイラー式	ボイラー式
自動菜單	400 多道	200 多道	100 多道	100 多道
爐內容量	33L	30L	31L	22L
加熱感應器	紅外線 溫度加重量 雙重感應器	紅外線 溫度加重量 雙重感應器	溫度加重量 雙重感應器	重量感應器
幾段調理	兩段調理	兩段調理	一段調理	一段調理
功能螢幕	4.1 吋 白色液晶螢幕	白色背光 液晶螢幕	白色背光 液晶螢幕	白色背光 液晶螢幕
自動菜單選項	文字	文字	文字	文字

（資料來源：參考日本日立官網）

國際牌 PANASONIC

Panasonic 的過熱水蒸氣烘烤微波爐特點在於 64 眼分區紅外線感應器，能更精準加熱，以及大火力光加熱器，還有透過可吸收微波的煎烤盤做到雙面燒烤。

64 眼紅外線感應器加龍捲風微波加熱

透過紅外線感應器以及立體龍捲風式微波，可達成精準分區加熱跟解凍的功能。

圖形化的直覺操控介面

不用擔心看不懂日文，直覺的圖片操作，讓人一看就知道是哪道料理行程。

雙面燒烤

透過上方光加熱器跟下方微波，再搭配上專用燒烤盤，能做到雙面燒烤的功效。

雙品同時調理

透過上烤下微波，完成兩段不同調理。

64 眼紅外線感應器以及龍捲風微波加熱

直覺圖形化的操控介面

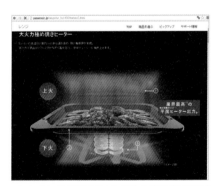

上方光加熱器搭配下方微波的雙面燒烤模式

Panasonic 機種主要功能差異表 （以 2017 年發表機種比較）

機種分類	BS1400 旗艦機種	BS904 次階機種	BS804 中階機種	BS604 入門機種
加熱效率	最佳	次佳	一般	一般
自動菜單	400 多道	200 多道	190 多道	80 多道
爐內容量	30L	30L	30L	26L
幾段調理	兩段調理	兩段調理	兩段調理	一段調理
感應器	64 眼高精細 紅外線感應器	64 眼高精細 紅外線感應器	搖擺紅外線 感應器	搖擺紅外線 感應器
雙面燒烤	有	有	有	有
低溫蒸煮	有	有	無	無
功能螢幕	彩色觸控螢幕	白色背光 液晶螢幕	白色背光 液晶螢幕	白色背光 液晶螢幕
自動菜單選項	圖片顯示	文字	文字	文字

（資料來源：參考日本國際官網）

東芝 TOSHIBA

東芝的過熱水蒸氣烘烤微波爐特點在石窯風的拱門造型以及 350℃ 烘烤溫度，強調其烘焙功能這個強項。1025 點高精度紅外線感應器加上底部大範圍的微波產生器，能做到更精準加熱的功能。再加上，TOSHIBA 機型是四家廠商中最薄的，體積較小，也成為很多人採購的選擇。

石窯風拱門造型

唯一爐內拱門造型、模擬石窯熱對流優點，提高烘烤效果。

仿石窯爐內的造型，並提供高達
350℃ 烘烤溫度

350℃ 的烘烤溫度

四家廠商中最高的烘烤溫度，符合更多的烘焙需求。

圖形化的直覺操控介面

不用擔心看不看的懂日文，直覺的圖片操作就知道是什麼料理行程。

1025 點高精度紅外線感應器

透過 1025 點分區感應器，再加上底部大範圍的微波產生器，讓分區加熱更科學也更精準。

1025 點高精度紅外線感應器
加底部大範圍的微波產生器

薄機型

擁有四家廠商中最薄型的機型，較不佔空間、也讓擺放位置更具彈性。

業界最薄機型

東芝機種主要功能差異比較（以 2017 年發表機種比較）

機種分類	RD7000 旗艦機種	RD5000 次階機種	RD3000 中階機種	RD200 小型機種
加熱效率	最佳	次佳	一般	一般
自動菜單	500 道	300 多道	200 多道	300 多道
爐內容量	30L	30L	30L	26L
幾段調理	兩段調理	兩段調理	兩段調理	一段調理
感應器	1025 點紅外線高精度感應器	1024 點紅外線感應器	8 眼紅外線感應器	紅外線感應器
最高烘烤溫度	350℃	350℃	300℃	270℃
低溫蒸煮	有	有	無	無
功能螢幕	彩色觸控螢幕	白色背光液晶螢幕	白色背光液晶螢幕	彩色觸控螢幕
自動菜單選項	圖片顯示	文字	文字	圖片顯示

（資料來源：參考日本東芝官網）

各廠牌旗艦機大 PK

作者 | wia

過熱水蒸氣烘烤微波爐有這麼多品牌和機型，再加上不同容量與不同的功能，到底要選哪台？真的有必要直上旗艦機嗎？以筆者過來人的經驗，一開始也是先從容量較小、功能較基本的入門機型開始使用，後來再入手旗艦機。若料理或烘焙對你來說，是每天的日常，在預算足夠的情況下，強力建議直接購買加熱效率以及功能齊全的旗艦機，除了加熱效率快速外，雙盤調理也讓一爐多菜變得更簡單，讓做菜這件事變得優雅舒服。比起買了入門機，卻因功能不齊全、加熱慢，最後淪為微波爐使用，不免可惜。一台全能型的廚房家電隨便一用就是 5 ～ 10 年，直上旗艦機有時反而更划算。

接下來，將就各大品牌旗艦機特點來做比較，讓大家能更清楚地了解各大品牌的最新技術跟功能。

過熱水蒸氣

水波爐最大的賣點就在於過熱水蒸氣調理功能，用過熱水蒸氣能快速加熱食物，並達到去油減鹽的效果。雖然都是加熱超過 100℃ 以上的過熱水蒸氣，但夏普跟其他品牌差在獨家的主動式鍋爐噴射裝置，先將水蒸氣在鍋爐引擎加熱到超過 200℃ 以上，再噴射到水波爐內，而其他品牌，則是採用被動式的過熱水蒸氣加熱裝置，先將水蒸氣噴到爐內，再透過加熱管及微波機制加熱到過熱水蒸氣的熱度，其中最大的差異，就在於主動跟被動，讓過熱水蒸氣的熱能轉移效果有所差別，而脫油減鹽的健康調理效果也會有所差異，單以過熱水蒸氣加熱效率來做比

較，夏普的加熱效率是相對最好的（註：以炸雞塊跟烤地瓜模式比較）。

零微波功能

夏普強調零微波健康調理，自動菜單內建的食譜全不採用微波加熱，至於其他品牌也有提供零微波菜單，但不像夏普全部都是零微波。因為夏普零微波，所以在調理時，就能使用金屬製器皿。但，也因為不使用微波加熱，讓夏普在某些菜單的加熱時間上，會比其他品牌來得久。

烘烤功能（烤箱功能）

各家品牌在烘烤功能上都是透過熱風加熱達到跟烤箱一樣的效果，也都有著300℃的高溫烘烤。其中，東芝特有的石窯拱面造型提高了熱對流效果，可配合最高 350℃ 的烘烤溫度來強調烘烤功能，不過，最高溫的持續時間大約在 5 ～ 10 分鐘，之後，會降到 230 ～ 250℃ 左右。

燒烤功能

燒烤是透過大火力加熱管來加熱食材，Panasonic 跟日立可以透過上方大火力加熱管與下方微波達到雙面燒烤的功能，而夏普就要靠自行手動翻面來達成。另外，Panasonic 跟日立也有專用的燒烤盤，可以做出類似煎餃跟鍋貼等口感酥脆的煎烤效果。

微波功能

專屬的紅外線感應器及微波技術可做到分區加熱跟解凍，Panasonic 透過 64 眼紅外線分區與龍捲風 3D 立體微波功能來加熱，日立則是採用紅外線溫度感應器加上重量感應器的雙重裝置來做到分區加熱，至於東芝，則是以 1025 點紅外線感應器加上底部大範圍的微波產生器，來達成精準分區加熱的功能。

純蒸功能

蒸物是夏普強項，在使用時間及使用區域兩方面的表現都是最佳，東芝也可以全爐使用，Panasonic 則是只有上方區域的蒸氣可以使用，日立則表現最差，需要搭配微波使用，早期的旗艦機種甚至還需要透過專屬蒸蓋，才能產生足夠的蒸氣量。

低溫蒸煮

除了日立以外的三家旗艦機都有提供低溫蒸煮功能，可以做出溫泉蛋或是現在正夯的低溫舒肥料理，但都有最長設定時間與可設定最低溫度的限制。

上下兩段，分段的不同調理

雙層同時烤兩盤的調理方式每家的技術都可以做到，但夏普則是透過專屬的噴射裝置，讓水蒸氣分段管理，達到上層燒烤、下層蒸物功能，讓一爐多菜的變化性更為豐富，而 Pansonic 則是透過上烤下微波來達成雙層不同調理方式的功能。

彩色觸控直覺圖示操作介面

很多人從日本扛了日文介面的機器回來後，由於語言不通，導致過熱水蒸氣烘烤微波爐變成了不常使用的高貴微波爐，但夏普、Panasonic 還有東芝的旗艦機都是彩色圖形操控模式，自動菜單只要透過圖片便能直覺選擇，使用起來十分簡單，唯有日立使用文字介面，對於日文不熟悉的人，在親近度上，就打了點折扣。

語音功能

夏普獨創透過 AI 人工智慧語音功能，可以透過語音跟水波爐溝通及互動，讓水波爐建議自動菜單或是進行簡單的手動操作，但目前只限於日文才能做語音操控。

清潔殺菌功能

在後續清潔上面，爐內一般都有著抗污的塗層方便清理，夏普跟 Panasonic 更提供了檸檬酸洗淨模式，可以做管道清潔，定期酸洗淨可以讓水波爐不容易累積水垢。此外，夏普也有專屬的高溫蒸氣殺菌模式，能直接做到如消毒鍋的效果，拿來消毒奶瓶或布丁瓶等食器，也很方便。

各家旗艦機功能比較

功能 \ 機型	夏普 XW400	Panasonic BS1400	日立 SV3000	東芝 RD7000
容量	30L	30L	33L	30L
過熱水蒸氣	主動式過熱水蒸氣噴射系統	被動式過熱水蒸氣加熱系統		
脫油減鹽效果	熱交換量高，效果佳	熱交換量較低，效果較差		
自動食譜炸雞塊時間	減脂 14 分鐘	不減脂 14 分鐘	減脂：29 分鐘 不減脂：19 分鐘	不減脂 19 分鐘
烘烤功能	300℃ 兩段熱風烘烤	300℃ 兩段熱風烘烤	300℃ 兩段熱風烘烤	350℃ 兩段熱風烘烤
	300℃烘烤 10 分鐘後降為 250℃	240℃以上溫度皆為烘烤 5 分鐘後降為 230℃	300℃烘烤 5 分鐘後降為 250℃	350℃烘烤 5 分鐘後降為 230℃
燒烤功能	上方大火力加熱管加噴射過熱水蒸氣	上方大火力加熱管加過熱水蒸氣加下方微波加熱	上方大火力加熱管加過熱水蒸氣加下方微波加熱	上方曲面大火力加熱管加過熱水蒸氣
雙面燒烤	無	上烤下微波	上烤下微波	無
蒸物功能	全爐 100℃純蒸	上方 100℃純蒸	蒸氣微波方式	全爐 100℃純蒸
	最大設定時間 30 分	最大設定時間 30 分		最大設定時間 25 分

功能\機型	夏普 XW400	Panasonic BS1400	日立 SV3000	東芝 RD7000
低溫蒸煮	70→95℃， 最大設定時間 45 分	60→100℃， 最大設定時間 30 分	無	35→95℃， 最大設定時間 25 分
加熱感應器	紅外線感應器移動，絕對濕度感應器，溫度感應器的三重感應器	右側 64 區紅外線感應器	中央 120 分區紅外線感應加 3 點重量感應雙重感應器	1025 點高精度紅外線感應器
發酵功能	30℃、35℃、 40℃、45℃	30℃、35℃、 40℃、45℃	30℃、35℃、 40℃、45℃	30℃、35℃、 40℃、45℃
	最長 8 小時	最長 120 分鐘	最長 90 分鐘	最長 90 分鐘
兩品同時微波加熱	都有			
雙層分段不同調理	上烤下蒸	上烤下微波	無	無
雙層分段相同調理	雙層調理	雙層調理	雙層調理	雙層調理
操控介面	彩色圖形觸控介面	彩色圖形觸控介面	黑白文字觸控介面	彩色圖形觸控介面
食譜圖片集	彩色照片料理集	彩色照片料理集	文字	彩色照片料理集
自動菜單食譜	478 道	433 道	421 道	500 道
消毒功能	食器殺菌	無	無	無
AI 語音助理	有	無	無	無
檸檬酸洗淨功能	有	有	無	無
重量	25KG	20KG	19KG	21KG
尺寸	寬 490× 深 430× 高 420mm	寬 494× 深 435× 高 390mm	寬 500× 深 449× 高 390mm	寬 498× 深 399× 高 396mm

\ 大家都很傷腦筋 /

水波爐到底擺哪裡最好用

現代廚房中的家電五花八門，如洗碗機、微波爐、烤箱、蒸爐、豆漿機、麵包機、電鍋以及本書所介紹的水波爐等，幾乎快成了家庭必備用品，再加上嵌入式家電越來越多，收納和配電更需要花費點巧思好好規劃一番，使用起來才順手。

如果在購買家電前，廚房還沒有裝修好，最好能把預計使用的品項一一列出，跟設計師仔細討論，考量便利、動線、美觀三方面一次規劃到位。如大型電器不妨改用嵌入式設計，小型家電如豆漿機、烤箱、咖啡機、熱水瓶等，可使用隱藏式門片收納，減少視覺上的凌亂感。若是像會產生蒸氣且大體積的電器，像是電鍋、水波爐和飲水機等，可另外設計活動的抽拉式層板，電器使用時便拉出層板，降低水蒸氣對板材的影響。

[理想狀態] 放置在流理台上

如果將水波爐放在四周空曠的流理台或中島上，當然是最好的，也不用擔心散熱或承重的問題，若爐子附近能有個平台可放置剛拿出來的烤盤，或準備裝食物的盤子則更好。要提醒的是，水波爐還有烤架跟烤盤，以及其他自行添購的配件，也需要預留位置。

另外，電路規劃也是必須事先考量好的重點，尤其是用電量大的電器（加熱溫度高、時間長的），最好設置專用迴路，也就是電線只供該電器使用，以避免電流因超過負載量而跳電。以水波爐來說，插座最好就是安裝在機器的左後方或右後方，才不會出現插頭不好拔的情況。

陳惠瑜 's Kitchen

挑高設計的開放性廚房，原本四周窗戶就多，設計師利用了熱氣、蒸氣往上的原理，特意在制高牆面上開了一個透氣窗，讓料理時的熱氣與味道能順利排出，大大降低開放性廚房可能會有的味道殘留缺點。因為水波爐外型夠漂亮，所以選擇大膽擺在工作檯上，這個高度除了便於觀察食材的料理狀況，放入 / 取出食材也無需彎腰駝背，需要加水或清洗時，轉個身洗碗槽就在斜對面，便利的動線讓水波爐成為當之無愧的料理好幫手。

Sylvia Hsu's Kitchen

水波爐擺放在流理台上方，因為水波爐的熱氣往前送出，不怕熱氣損壞上方的櫥櫃。此高度剛好適合小孩觀賞蛋糕與麵包的變化過程，也是最適合拿取的高度。

趙玉玲 's Kitchen

放置於廚房流理台上。優點是有專門的插座，烹製食物和清理時都很便利，且在水波爐排氣時，後方的抽風機可立刻將煙排除。缺點則是佔用流理台一部分的面積。

謝淑華 's Kitchen

捨棄中島下方抽拉櫃的位置，放在流理台上的阿波，承重、通風、散熱都很優良，操作使用也符合人體工學。伸縮桿了增加空間利用，方便有點重量的不鏽鋼蒸烤盤收納，開放式的層板讓廚房在視覺上顯得更為寬敞。

[事先規劃] 放置在電器櫃中

一般廚房內多會設計電器高櫃做為烘烤區使用，將烤箱、蒸爐、水波爐等方型家電以堆疊方式整合於此，擺放的順序則必須考量到使用者的身高，以方便操作為重點，例如，使用率高、重量重的放在底層。如烤箱多放在下方或中段便於取放料理的位置，以方便隨時觀察料理狀況。但若是烹煮有湯汁的食物時，將機器放在下方並不方便，反而置於上方會比較方便。若空間夠大，建議設計兩個電器櫃，以便方置越來越多的家電製品。

Amy Chen's Kitchen

由於家中重新裝潢過，特地請設計師在電器櫃內預留了放水波爐的位置，並加裝了穩壓配電與通風排氣的設置處理，並在櫃內做了防水處理，防止高溫的蒸氣弄壞電器櫃。缺點是高度不太符合，需加腳踏墊才能拿取爐內物品，原本是想要放在下方的拉抽板上，雖然使用的是德國的五金配件，但要承載25公斤也是有點小吃力，最後還是做罷。

Joyce Yang's Kitchen

格局的原故，廚房沒有多餘空間可以擺放電器，故在餐廳旁設計電器櫃，並特別預留一個櫃位保留專用插座且做成抽板擺放，這樣水波爐在運作時能抽出散熱，平時又能收納起來保持美觀。

Sara Hsin's Kitchen

當初裝潢時在電器櫃裡預留了水波爐的位置，但因曾看過朋友家的水波爐放在底部有抽拉的電器櫃，也許是沒設計好或是抽拉壞掉了，每次一開水波爐的門，整台水波爐就會跟著抽拉一起滑出來，實在很危險。加上設定放水波爐的位子比較高，所以特別指定不要做抽拉，雖然清潔時較麻煩，但比較安心。電器櫃的正前方就是中島，這樣不管是菜餚入爐或出爐都很方便，轉個身就好，不用端很遠。

劉瞳晏 's Kitchen

動線十分順手，且高度與空間也不壓迫。考慮L型的檯面中要塞進洗碗機、廚下型淨水器、電器櫃、水波爐，還得預留標準60×60cm的烤箱位置。水波爐放置位置的上方貼上ST不鏽鋼板，以免板材發霉。水波爐旁邊是單口IH爐，拿取爐中的菜盤還可順手擺放，也靠近排油煙機。

Roger Kang's Kitchen

家中水波爐擺放於半島後方的電器櫃，位於爐連烤的正後方，方便料理時，轉身就能使用。味道可自中島的抽油煙機抽出，使用完後，也可打開後門窗戶，以利味道排出。

Emilie Kung 's Kitchen

因為廚房太小，一開始裝潢就決定放在離餐桌近的電器櫃，離廚房也近，可在餐桌上直接調理，出菜方便。特地安置獨立插座專迴，讓高功率的水波爐不怕跳電。電器櫃預留高度為55cm，上方的櫃體擺放的是烤盤＆烤架，還有耐熱的桌墊。

Fann Chiang's Kitchen

水波爐擺放在樓梯下的電器櫃。設計成可拉出的抽屜層板，使用有蒸氣的功能時可以拉出來一些，避免蒸氣積在櫃子內部。

張綺婕 's Kitchen

此設計的優點是在有限廚房空間能統一收納，維持整齊外觀，使用時只要將底部托盤拉出，可免於蒸氣或烤箱高溫過於集中於櫃體。缺點則是櫃體需事先配合使用者身高規劃高度才順手，且托盤拉出難免佔用行走空間，太狹隘的廚房就不適合了。

JohnHan's Kitchen

原本設計熱炒的空間小，因此在開放式吧
台後設計可收納料理器材的櫥櫃。水波爐
在安裝廚具前已先量好尺寸，可預留一些
散熱的空間；缺點是對於身高稍矮的使用
者來說，在清潔時不太親切。

Grace Tu's Kitchen

整面牆放了蒸爐、烤箱、
水波爐和微波爐的放置位
置，旁邊是對開的利勃嵌
入式冰箱。左下電器櫃裡
的是藍天的炊飯收納器，
專門給水波爐住的。由於
有蒸氣吸入處理，讓櫃體
不至於潮濕。

令意 's Kitchen

為了留下大且清爽的流理臺和更多收納空
間，所以將電器集中在一起，並依電器
的尺寸訂做電器櫃，寬度縮減，深度做
50cm。因為下方要放攪拌機，水波爐採
用吊櫃，沒有落地。水波爐的櫃子有特別
要求耐重，櫃子內側的壁板和黏合壁板的
膠要耐高溫，使用時才方便安全。

[小資方案] 運用層架來擺放水波爐

一般標準餐具櫃的深度約為 40cm，小於水波爐擺置所需的深度，再加上水波爐是向上與向前排水蒸氣，一定要保留適切的高度，以利水波爐排氣（深度大約需要 45cm、左右要各留 5cm，高度則建議預留 10cm 以上的散熱空間比較保險）。若不是在設置廚房的一開始就規劃好，事後要加裝並不太容易，因而這類大體積的廚房家電，多半會直接放在流理台面上，或者是自行 DIY 組合電器層架來使用。

層架的層板最好屬防水材質（一般市售電器櫃多屬防水材質），但如果是自行 DIY 的層板可能就無法做到雙面防水，幸好水波爐排煙的方式是平行出煙，而非向上排煙（如電子鍋就屬於向上排煙），所以影響不大。另外建議設置高度盡量要超過自己鼻子的高度，因為空氣是由下往上跑，只要散熱孔高過鼻子，幾乎聞不到味道。只要調高10cm，味道跟熱度便大大不同。

Miffy Wu's Kitchen

買水波爐時還真是傷腦筋了一陣子，由於廚房已無多餘的空間，若新櫃子不靠牆擺放，狹小的廚房看起來會更昏暗。研究許久後，使用無印良品SUS層架組當電器櫃，無背板透光性好，解決了小空間的擔憂，再加上通風、排氣與散熱皆佳，電線亦可拉至牆面的插座，無需另外延長，提升了用電的安全性，目前使用起來十分滿意。

Joseph Chiu's Kitchen

水波爐置於餐廳中的可調式層架裡。優點是可調整層架間距，通風散熱佳，又便宜，承重佳，底部＋滑輪可移動，適合租屋小家庭。缺點則是層架深度與水波爐機體下方基座需卡好，不然易歪斜。

一開始只有烤箱及電鍋，所以打造流理台時沒考慮到電器櫥櫃的問題，直到陸續添購水波爐、蒸爐，才發現問題大了。但因市售的櫥櫃及層架重心不穩、不耐重且易藏污納垢。只好著手列出想要的櫥櫃條件：防水、防油、耐重、防鏽以及「耐熱」，多方比較之下，決定採用廚房級304不鏽鋼來訂做家電櫥櫃，每一層耐重50kg，長65cm+寬60cm+深55cm+層高60cm，最下面再加裝輪高12cm、且四輪皆有剎車的儀器輪。將家電全部集中管理，並離插座近一點，線路也不會雜亂。有髒污時，不鏽鋼刷洗起來，既輕鬆又省力

認真的經驗談

wei yu

為什麼說錯誤示範呢？因為選用的木層架耐重不足（僅耐重30kg），導致層板中間下彎變形，後來又換成網狀烤漆鐵網（耐重80kg），結果還是中間變形了。問了客服為何耐重80kg，只放了25kg的水波爐跟烤盤，為何網架中間還是會變形？客服回覆標示的耐荷重是指靜態重量。但經由本人試驗後解答，板子太長加上強度不足，重量又集中在中間，因此中間還是會變形；但同樣的重量若加諸在4邊，則不會變形。

並非所有的層架都會變形，買的時候注意：要有加強支管的或是材質能耐重200kg的層板或角鋼，使用起來都堅固無比。另外要留意組合層架的水平有沒有裝平，只要買到強度夠的層架，還是很好用的家電層架。

（上）改良後放在普通塑膠櫃上，塑膠櫃子上多加一層厚木板以加強耐重，也可平均重量。多了下方的抽屜收納，比層架還好用。

（下）使用抽拉式的層板，另外加裝了blum加強承重滑軌，除了至少可承重30kg外，還非常好推拉。若擔心層板耐重不足，可在上下加上透明層板或加上一厚一點的木板（最好上下都有防水板，防止潮濕）。此外，不建議使用容易變形的網狀層板，也不要使用縫隙太大的條狀層板，以免水波爐無法立穩。

\ 大家都說讚 /

回購率百分百的好用工具

輕巧百搭的琺瑯料理盤組

Falcon 為英國品牌，創立於 1920 年，以厚鐵融結琺瑯釉料手工製作，表面光滑、抗酸抗化學物質侵蝕，質地輕盈，經安全檢驗認證，非常適合用來烹煮食物。且味道與細菌不容易附著，清洗容易，也適用於洗碗機。

琺瑯產品可用於水波爐蒸烤功能、蒸爐、瓦斯爐中小火、電磁爐、烤箱 270℃ 內、IH 爐，以及烤肉架上，洗碗機可清洗，但不能使用於微波爐。此外，也可以用來備料、盛裝餐點，不需換盤，直接上桌就很美觀。

百年經典造型完美襯托出精心製作的餐點

使用注意事項

琺瑯除了不適用於微波爐外，由於其表面是具有玻璃質地的釉層，請小心不要碰撞或摔落，以免琺瑯材質剝落，外部剝落可繼續使用（增添其特色及歷史感）。另外，請避免空燒或溫差過大的使用狀況，加熱後的琺瑯商品立刻以冷水沖洗，可能造成琺瑯商品龜裂或劣化。使用金屬類菜瓜布刷洗琺瑯，則可能會在表面造成刮傷，最好使用軟質的海棉與中性清潔劑清洗即可，遇有食物沾黏或焦垢，請泡水或以小蘇打水加熱浸泡後，再清洗。

百事貓
www.facebook.com/pessicat
訂購方式：粉絲頁留言或私訊
產品相簿：https://goo.gl/zxshFk
Yahoo 拍賣：https://goo.gl/1o6tKg
LIND ID：pessicat

量身打造的烤架與烤盤

因為設計者本身即是水波爐愛用者，對於大家對烤架及蒸盤的殷切需求有著深刻的了解，恰巧本身具備相關的專業背景與資源，因而開發了 SUS#316L 醫療級烤架與蒸盤，提供水波爐用戶選購。參考了許多使用者的回饋與反應，特別製作了同等級的烤盤與適用於烘焙產品的內襯。

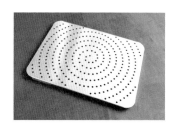

蒸盤：使用 SUS316L 醫療級雙面髮絲紋不鏽鋼

其中，內襯採 NanoFX® 塗層，塗層含奈米活性物質，具超強不沾效果與遠紅外線功效，導熱快且均勻，使用年限長。用戶可直接用烤盤烹調食材之外，還可套上內襯烘焙餅乾及麵包，搭配烤盤用來烤底火不需太強的長條蛋糕，效果更是優異，可達到不沾且具遠紅外線烹調的功效，為烹調與烘焙帶來更多便利與樂趣。

烤盤內襯：#5052 鋁合金

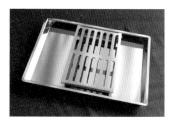 

烤架與烤盤：採用 SUS316 L 醫療級雙鏡面不鏽鋼

依原廠尺寸，雷射切割加工，可與原廠配件搭配使用

使用注意事項

烤盤內襯得搭配大烤架或烤盤才能置於層架上，為了與烤盤密合，四個角落沒有焊接，因此，烘焙蛋糕時，麵糊雖不致外溢，仍需留意。

金屬材料會因加工產生內應力，新烤盤及不沾內襯置於烤箱內烘烤，會因溫度發生變形（熱漲冷縮），其狀況因不同金屬與厚度而有所不同，要經過一段時間使用之後，變形情況才會趨於平緩。

明石工作室
https://firewater.iwopop.com/
電話：02-23142656
手機：0928410528
地址：台北市萬華區貴陽街二段 115-10 號

選用優質食材，
滿足口欲又健康安心

不怕吃進太多油脂的夢幻肉品

對愛吃肉又怕吃進太多油脂的人來說，過熱水蒸氣不但能溶化食物裡的油脂，讓油脂被凝結的水沖刷掉，還能在最短時間內烹熟食物，降低吃進油脂的機率，減少身體負擔。親愛的油花，我來了。

霜降牛肉頂級 Prime，具備肉感又帶點嫩度，是不喜歡油花者的最愛

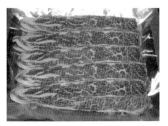

是牛小排頂級 Prime，很嫩又具口感

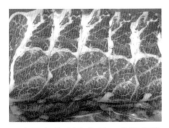

西班牙伊比利豬梅花，肉質細嫩並帶著香氣，為豬肉界的明星

有著滿滿花枝塊的花枝漿，鮮度一級棒，口感極佳

 丫翔肉舖

網站:https://m.facebook.com/丫翔肉舖-167812280319205/
電話：0972026415
購買方式：網路訂購

層層把關的安全優質雞肉

由有心肉舖子與農友共同把關品質的黃金土雞、月球放山土雞，是各具特色的美味國產雞種。黃金土雞肉質細嫩，採取欄飼方式飼養、給予每隻土雞充足的活動空間及運動量；月球放山土雞肉質紮實Q彈，則是放養於45度陡坡環境，真正「放山」環境，也是全台第一支產銷履歷放山土雞。

我們從飼養階段、屠宰、分切階段，都經由第三方公正單位及政府的產銷履歷驗證，並堅持每一塊肉，都一定要經由官派的屠檢獸醫師進行把關，除了政府的把關外，有心堅持每個月自行將肉品送SGS檢驗，確保藥檢合格，再加上郭旭英獸醫師的專業把關，務必做到最真實的安全。

有心提供土雞、豬肉、櫻桃鴨、虱目魚、鱸魚、紅心蛋…等超過30種產銷履歷食材，並提供市面上少見的鴕鳥肉、火雞等肉品，更特別將肉品分切，進行真空小包裝，滿足您方便、放心、安全的需求。

黃金土雞－去皮胸肉

黃金土雞－里肌肉：雞胸肉紮實、雞里肌肉軟嫩，經過去皮同為低脂肪的健康蛋白質來源。

黃金土雞／月球放山土雞去骨雞腿肉：雞腿是雞全身運動量最大的部位，也是肉質最緊實處，有心肉舖子特別預先去骨，更方便您料理。

TIPS

市面上的土雞肉種類及切法五花八門，除了比較價格外，還可以再比較業者是否通過產銷履歷驗證？提供防檢貼紙？或是藥檢報告？多一層把關，就多一層保障。

有心肉舖子　一家專賣在地好物的良心舖子

使用手機掃瞄產品包裝的 QRcode 即可追溯肉品飼養、屠宰及流通的歷程
網站：https://www.withheart.com.tw/　電話：04-2483-3832　購買方式：網路訂購

攝取 DHA 的最佳方式

以往的概念是吃海鮮要吃現流仔，但除非家住漁港很近，否則光是要靠肉眼判斷漁獲的新鮮度，還真不是件容易的事。再來，要符合現流條件的只有近海魚，如白帶、土魠魚、午仔魚、黑喉等。而鯊魚、鮪魚、鱈魚、鮭魚等常見的遠洋魚類，則完全不可能捕撈後 24 小時內送達市場，就不能歸類為現流魚。

因此，選購在船上就急速冷凍或進港後直送冷凍的漁獲，便成了現代人的另一種選擇，請記得冷凍魚並不代表不好，最怕吃到那種冷凍、解凍、再冷凍多次的海鮮。

鮭魚：放養於北大西洋純淨海域，品質保證。鮭魚油脂含量豐富，氣味豐富口感獨特滑潤。整尾鮭魚只取清肉，無刺無骨，食用安心又方便，口感層次豐富，簡單料理就好吃，適合各式料理，煎、炒、烤、煮皆適宜

鱸魚菲力：臺灣省產鱸魚製作而成，品質新鮮有保障。去鱗去骨使用真方便，料理發揮創意不受限。魚肉蛋白質含量高，魚皮膠質豐富，養氣食補一級棒。肉質細緻好吸收，適合各種年齡層食用。清蒸、煲湯輕鬆上菜，輕食主張無負擔

雙背鯛魚：嚴選優質台灣鯛養殖戶配合，隻隻活力十足。一律採用台灣鯛背部魚肉製成，口感厚實。去皮去骨去刺，食用方便又安全，低脂肪含量，肉質細嫩，身體無負擔。常備型食材簡單好料理，主婦的最愛。清蒸、乾煎、酥炸、火鍋皆適宜

薄鹽鯖魚：原料來自挪威純淨海域捕撈，油脂飽滿。台灣在地HACCP 認證工廠生產，品質安心，肉質緊實，脂質豐富，肥嫩鮮美，口感絕佳，免調味、免處理方便好料理，適合用煎、烤的料理方式營養豐富，適合全家人享用

 海鮮霸

網站：http://www.seafoodbar.com.tw

安全、營養、健康又兼顧公益的美味好魚

挑選水產可以用眼睛看，但藥物是否殘留、重金屬是否超標，肉眼看不出，台灣好漁年年送檢，讓好品質看得見。好魚的重點是新鮮，新鮮的祕訣則是低溫，台灣好漁的商品在加工過程中全程低溫處理，儲存設備更在 -25℃ 以下，讓每樣商品都能鎖住新鮮、留住美味。

貴妃魚：號稱「淡水魚中的黑鮪魚肚」，從頭到尾都是精華，肉質細滑豐腴、肥而不膩，食之口感極其甘甜、香醇，無論蒸、煮、烤、煎，各有不同風味。

虱目魚肚：產自台南，採用生態養殖，對環境保護及消費者健康相對有保障，加工過程更是透過 ISO22000/HACCP 合格加工廠製造，讓您吃得安全又健康。

台灣鯛魚片：來自台灣東部，引進純淨的太平洋海水，是市面上少有的海水養殖台灣鯛，鮮甜的口感，更通過嚴格檢驗，讓消費者吃進健康安全。

 台灣好漁　電話：02-2331-4998　網站：http://www.asher.com.tw
實體賣場：http://www.asher.com.tw/store-list.php
網路訂購：http://www.asher.com.tw/buy-list.php

依循時令的新鮮蔬果

永齡蔬果箱中的全品項皆來自全台最大有機農業園區－高雄永齡農場。得天獨厚的生長環境，全區通過慈心有機認證，每項作物從種子苗栽開始受到農人們細心的照護成長，適地適種並遵循節氣。配送到客戶手中的蔬果，都是早上採收，下午宅配，從產地直送的新鮮絕對，是我們最想傳遞的無二滋味。

蔬菜箱內容依照時令季節調整蔬果種類

 吉品養生股份有限公司
網站：https://www.gping.net/　電話：02-7730-8499　連絡方式：service@gping.net
地址：台北市大安區 106 忠孝東路四段 178 號 7 樓

02 水波美味料理 117

\ 詢問度最高 /
食材原味最好吃的超簡單料理

水波蛋

作者：Jeff Su
機型：Panasonic BS-1200

材料

生雞蛋（常溫）·················2 顆

做法

將蛋打入盤中，放置燒烤盤正中央，選擇蒸氣功能，
2 顆蛋的時間約設定 17 分鐘。

烤香腸

作者：Jeff Su
機型：Panasonic BS-1200

材料

香腸··············8 條（約 280g）

做法

將香腸交叉放置燒烤盤，選擇燒烤功能，時間約設定
10 分鐘。

TIPS

吃燒烤類的食物時，別忘了同時搭配大量新鮮蔬果，保時
腸胃健康。

蒸竹筍

作者：Angel Chen
機型：SHARP AX-XP100

材料

竹筍......................6 根（將竹筍洗淨，不用去殼）

做法

將洗乾淨的竹筍放入烤盤擺放整齊，放在上層。水箱
裝滿水，選擇內建行程蒸し根菜（番號：68）或手動
蒸し物，手動時間設定 19 ～ 22 分鐘（若不夠，之
後可再延長）。待行程跑完，放涼，即可去殼切塊，
搭配美乃滋或油膏，皆很美味。

TIPS

蒸好的筍子，可用筷子戳看看根部（圓底面），可以插入，即表示熟了。如果還沒熟，可將烤
盤前後對調，放入再延長幾分即可。

筍子的處理

Angel Chen・吳明石

外婆家多年種植竹筍，通常挖出來筍子若具有苦味（通常位於筍子尖端部位），味道很
難去除，所以多是直接切除，以避免影響口感。

剛挖出土的竹筍，含有大量的酪氨酸（一種氨基酸），可以生食，但隨著出土時間越長，
酪氨酸氧會輆化成二氧化碳與草酸（竹筍挖出 24 小時，草酸會增加 2 ～ 3 倍），造成
苦味，組織也逐漸堅硬變澀。若要軟化竹筍，尋回美味，可用水量 20 ～ 25% 米糠濃汁
氽燙，如此一來，草酸便會溶入湯汁中，米糠中的酵素還會軟化竹筍，同時防止竹筍氧
化，讓竹筍保持嫩白。

焼き牡蠣

作者：Miffy Wu
機型：SHARP AX-XP100
水波爐設置：烘烤功能 250℃ 10 分鐘

材料

帶殼牡蠣┅┅30 顆（簡單刷洗）

做法

烤盤舖上不沾烘焙布，加上烤架。牡蠣凸面朝下放好，入爐下層以烘烤功能 250℃ 烤 5 分鐘，後續看個人喜歡的口感可稍微延長時間（2～5 分鐘都可）。

日式綜合燒烤

作者：Jeff Su
機型：Panasonic BS-1200

材料（4 人份）

豬肉切塊┅約 150g（5 串份）
牛肉切塊┅約 150g（5 串份）
蔥┅┅┅┅┅┅┅┅┅┅┅┅┅數支
調味料
海鹽┅┅┅┅┅┅┅┅┅┅┅┅┅少許

準備

• 蔥切段，取出蔥白備用。
• 將豬肉、牛肉與蔥白段交叉穿過竹籤。

做法

將豬肉／牛肉串放入燒烤盤，選擇燒烤功能，放入水波爐中間，時間設定約 11 分鐘，即可出爐。

TIPS　喜歡吃辣的，也可以撒些七味辣椒粉。

烤秋刀魚

作者：Jeff Su
機型：Panasonic BS-1200

材料

秋刀魚⋯⋯⋯⋯3 條（去除內臟）

做法

將秋刀魚平均放置燒烤盤中央，選擇燒烤功能，時間約設定 16 分鐘。

鯖魚和秋刀魚去腥＋美味燒烤法

吳明石

秋刀魚體內的含水量在 60% 以上、脂肪佔 14%（比起鯛魚 1.5% 的脂肪），屬於高脂量的魚，在高溫下融化的脂肪及水分會找破洞流出，再加上若新鮮度不理想，所釋出的氣體就會爆開魚皮。

防止魚肉爆開方法，通常是在魚身較厚處畫上兩刀，讓氣體得以宣洩，同時煎或烤時較容易熟透。不過，秋刀魚的美味就在於其含有的高脂肪，讓脂肪流失實為可惜。因此，為了保持美味及防止破皮，建議烤之前，在秋刀魚體表刷上醋，塗上醋會讓魚皮的蛋白質變性（如同豆漿遇到醋會凝結成塊），將美味鎖住，同時建議別一開始就用鹽烤，溫度如果超過 200℃，魚皮容易烤焦，出現破洞，建議先烘烤，魚熟了，再用燒烤上色。如此，就能烤出美味又完整的魚。

01 在魚身上撒適量鹽巴，輕柔地塗抹。

02 30 分鐘後，在魚身上淋熱水。

03 再將魚泡入冰水中清洗，將因熱水產生的油味洗掉，腥味就能完全去除。

攝影 | 柳丁花

烤番薯

作者：Jeff Su
機型：Panasonic BS-1200

材料

番薯‥‥‥‥‥‥‥‥‥‥290 ～ 300g

做法

將洗乾淨的番薯放入烤盤擺放整齊，放在上層。不預熱，以 250℃ 烤 40 分鐘。

番薯

吳明石

番薯含有大量名為 B 澱粉酵素的澱粉分解酵素，這些酵素在加熱時，會將澱粉分解成麥芽糖及葡萄糖，增加了甜味。B 澱粉酵素活動力最強的溫度是 50℃ ～ 55℃，當溫度來到 80℃ 時，分解作用就會停止。為了得到更多的甜味，烘烤番薯時，盡可能長時間保持酵素的作用，便是烤番薯的竅門。此外，除了單純增加麥芽糖外，烘烤過程中水分的蒸發，也能使番薯更為香甜。

番薯這類澱粉食材，因體積較大，即便用高溫燒烤，當表面溫度來到 200℃，內部溫度也很少會超過 100℃。為了讓中心完全熟透並將澱粉分解成麥芽糖的澱粉酶，此時，表面會烤焦，裡面則尚未完全活化，同時水蒸氣快速累積，無法順利蒸發，會有炸開的疑慮。因此，有人會在烤之前先將番薯戳洞（此舉可消除水蒸氣之累積，同時加快熟成），但也會讓分解後的麥芽糖流失，實為可惜。

100℃ 這溫度對食材來說，溫度剛好，不但少了烤焦的疑慮，又能長時間持續加熱。番薯若以微波加熱，因為加熱時間過短，無法讓 B 澱粉酵素充分分解成麥芽糖，成品並不好吃。所以烘烤番薯的溫度建議要在 100℃ ～ 120℃ 之間，用烤箱或水波爐的烤箱功能來烤，會更美味（視番薯大小而定，以 60 分鐘能烤到熟透最好吃）。

推薦省產番薯品種：

黃肉／台農 57 號，紅肉／台農 66 號。黃肉甜度可來到 7，紅肉甜度為 6。

\ 超級方便 /
萬用調味油與醬料

油封番茄

作者：方糖夫人
機型：SHARP AX-WP5T

材料（份量約 350ml）

聖女小番茄⋯⋯1 盒（約 600g）
蒜頭⋯⋯⋯⋯⋯⋯⋯⋯⋯⋯ 15 瓣
調味料
海鹽（或玫瑰鹽）⋯⋯⋯⋯⋯少許
砂糖⋯⋯⋯⋯⋯⋯⋯⋯⋯ 1/2 小匙
研磨黑胡椒⋯⋯⋯⋯⋯⋯ 1/4 小匙
百里香碎（新鮮或乾燥）⋯⋯少許
奧勒岡碎
（或甜羅勒碎，新鮮或乾燥）⋯少許
耐高溫橄欖油⋯10 ～ 15 大匙

準備

• 蒜頭切碎備用。
• 小番茄洗淨完全瀝乾，使表皮無水分，再剖半備用。

做法

01　烤盤墊上烘焙紙，烘焙紙四周稍微向上折，將小番茄剖面朝上，放置於烘焙紙上。平均撒上少許鹽巴、適量砂糖、研磨胡椒及百里香、奧勒岡或甜羅勒等香料。

02　把蒜碎均勻放置在番茄上，淋上橄欖油（切記每顆番茄盡量都要裹上油）。

03　水波爐設定烤箱模式預熱 140℃，1 小時 20 分鐘，出爐即可。

TIPS　可用拌麵或與蔬菜海鮮等食材一同烹調熬煮，可提升料理的香氣與甘甜度。

椒麻油

作者：方糖夫人
機型：SHARP AX-WP5T

材料（180ml）

大紅袍花椒 ⋯⋯⋯⋯⋯⋯ 2 大匙
雞心乾辣椒 ⋯⋯⋯⋯⋯ 8 ～ 10 根
耐高溫油 ⋯⋯⋯⋯ 125ml（約 100g）

做法

01　大紅袍花椒和雞心椒，以水波爐烤箱預熱 100℃
　　烘烤 15 分鐘，取出放涼後，用擀麵棍碾碎或研
　　磨缽碾碎。

02　將 01 放入耐高溫器皿，倒入耐高溫油，水波爐烤箱預熱 100℃，跑 35 分鐘即可。
　　放涼後，入冷藏，隔天可取用。

TIPS

• 椒麻油若冷藏保存，可儲存至少 1 個月。
• 各種不同的花椒可在迪化街的德利泰購得，網站：www.derleetai.com.tw。

麻辣油

麻辣油的煉製是經由各種辛香料和多種辣椒及花椒在不同時間入鍋，慢慢逼出香氣而成。因為每種食材受熱時間和香氣釋放程度不盡相同，重點是要準確拿捏時間點，讓食材香氣充分散發出來，又不能造成焦苦味。這種香辣中又帶些微麻的刺激感，就是造就重慶烤魚（請參考 P102）這道料理的精華所在。

麻辣油不僅僅能拿來做重慶烤魚，也適用於燉煮方面的菜色，如麻辣臭豆腐、水煮牛肉等料理⋯⋯，都相當美味可口。

椒麻油則主要以花椒為基底，加入少量乾辣椒碎提味，口感上偏香麻又帶些許辣香，可用於拌菜或調味，如：紅油抄手、口水雞、麻婆豆腐、椒麻皮蛋豆腐等。有時半夜肚子餓，煮點白麵條，加點醬油、烏醋、椒麻油、香油，拌一拌，只有幸福可以形容這滋味了。

材料（180ml）

耐高溫油	300ml
二荊椒（宮保）	20g
雞心椒（乾）	10 支
三櫻椒（乾燥朝天椒）	10 支
燈籠椒	3 ～ 5 顆
新鮮朝天椒	適量（可不加）
薑片	10 片
蔥	2 ～ 3 支
帶皮大蒜	5 ～ 6 瓣
大紅袍花椒	2 大匙
白芝麻	1 大匙

調味料

砂糖	1 大匙
鹽	2 小匙
辣豆瓣醬	3 大匙
孜然粉	1 大匙
花椒粉	1/2 大匙

TIPS

辣油所使用的各乾辣椒特性如下：調辣度用雞心椒，調香味用二荊椒，調色用三櫻椒（乾燥朝天椒），燈籠椒則為裝飾用。

準備

• 將二荊椒、雞心椒、三櫻椒（乾燥朝天椒）、燈籠椒以及新鮮朝天椒，放入食物調理打過（不需打碎），加入 1 大匙砂糖和 2 小匙鹽備用。

• 蔥切長段。帶皮大蒜用刀背拍裂。

做法

01 起油鍋，小火爆香薑片至捲曲。加入蔥段至些微焦香。放入帶皮大蒜及花椒粒，炒至花椒香氣出來。

02 辣豆瓣醬 3 大匙和孜然粉 1 大匙放入鍋中炒 30 秒，挑掉薑片、蔥段、大蒜後，將所有乾辣椒倒入油鍋內小火炒 1 分鐘，熄火，撒上白芝麻。（切忌火不要太大，乾辣椒很容易焦掉）。

番茄肉醬

作者：莊子瑩
機型：SHARP AX-XP100

材料

豬絞肉⋯⋯⋯⋯⋯1 盒（約 300g）
洋蔥⋯⋯⋯⋯⋯⋯1 顆（約 180g）
牛番茄⋯⋯⋯⋯⋯3 顆（約 450g）
蒜頭⋯⋯⋯⋯⋯⋯⋯⋯3 瓣
橄欖油⋯⋯⋯⋯⋯⋯1 大匙
鹽⋯⋯⋯⋯⋯⋯⋯⋯1 大匙
糖⋯⋯⋯⋯⋯⋯⋯⋯2 大匙
醬油⋯⋯⋯⋯⋯⋯4 ～ 5 大匙

準備

- 牛番茄在底部切淺淺十字，放入滾中煮約 40 ～ 50 秒，撈起後放涼去皮。
- 洋蔥、牛番茄去皮，切成細丁。蒜頭切成細末。

做法

01 拿一個寬口徑耐熱容器，倒入 1 大匙橄欖油，放入蒜末。放入水波爐中間，選擇 **手動加熱 → 微波レンジ模式 600w**，時間設定 1 分 30 秒，爆香蒜頭。

02 取出後，放入豬絞肉，攪拌均勻，放入水波爐中間，選擇 **手動加熱 → 微波レンジ模式 600w**，時間設定 2 分。取出後，再次攪拌均勻，放入水波爐中間，選擇 **手動加熱 → 微波レンジ模式 600w**，時間設定 2 分。

03 取出後，放入洋蔥末，攪拌均勻，放入水波爐中間，選擇 **手動加熱 → 微波レンジ模式 600w**，時間設定 2 分。

04 取出後，放入牛番茄末，攪拌均勻，放入水波爐中間，選擇 **手動加熱 → 微波レンジ模式 600w**，時間設定 2 分。

05 取出後，換成有蓋湯鍋，並加入鹽、糖、醬油調味；放在角皿，置於下層，選擇 **手動加熱 → 煮こみ模式**，時間設定 30 分鐘。

06 行程結束，可開蓋延長 5 ～ 10 分鐘，待收汁即完成。

TIPS 微波時不可使用金屬材質容器。

肉醬烤蛋

材料（3 人份）

番茄肉醬⋯⋯⋯⋯⋯⋯約 200g
雞蛋⋯⋯⋯⋯⋯⋯⋯⋯1 顆
甜椒⋯⋯⋯⋯⋯⋯⋯⋯1/4 顆
海鹽⋯⋯⋯⋯⋯⋯⋯⋯1/4 小匙
黑胡椒粉⋯⋯⋯⋯⋯⋯1/4 小匙
新鮮巴西利⋯⋯⋯⋯⋯1 小撮

準備

• 洗淨甜椒外皮，並切成細丁。

做法

01 取一耐熱烤皿，鋪上番茄肉醬，用湯匙在中間位置挖一個凹槽，並打入 1 顆雞蛋。在雞蛋液旁鋪上甜椒丁。

02 選擇**手動加熱 ➜ 水波烘烤預熱ウォーターオーブン 210℃ ➜ 烤約 10 ～ 12 分鐘**。

03 出爐後，撒上海鹽、黑胡椒粉以及新鮮巴西利即可上桌。

❝除了拿來烤蛋外，
也可以拿來拌麵，
或佐上長棍食用，
是一道用途極廣的
百搭美味醬料喔！❞

不再怕黑心油品
水波健康豬油 & 紅蔥油

作者：李惠英
機型：SHARP AX-XP200

材料（成品約 500g）

豬板油 ························ 700g

（事先請肉販絞過）

做法

01　將豬板油平均攤放於琺瑯盤內（耐熱容器皆可），放入水波爐內。

02　烤盤放上層，**料理選擇 → 檢索 → 番号 →22 除油行程**。行程走完約等 3 分鐘後，再開爐門，因為油溫很燙，立即開爐門，怕有些豬油還會跳動、爆裂，容易發生危險（如果怕亂噴，不妨加蓋）。

03　取一消毒後的玻璃容器，以濾網濾出盤內的豬油及豬油粕，將濾好的豬油慢慢倒入容器中。

04　放涼後，建議加蓋後，放進冰箱冷藏，豬油會凝固為白色固體，可用於製作糕點或炒菜，亦可將豬油拌入煮好白飯中。

TIPS

• 豬板油首選是豬腰部周圍的脂肪，其次，是使用豬背脊肌肉下的皮下組織的油脂，這二部位的油脂特別豐厚。可以選購溫體黑毛豬的油脂。

• 用水波烘烤出的豬油，會比一般油炸鍋的豬油更加清澈且較無油耗味，建議 2 ～ 3 週內食用完畢。

• 豬油在常溫下為固態，穩定性高，比起植物油更適合用來油煎、炒菜、油炸，且不容易產生對人體不健康的自由基。只要不天天大量吃進豬油，並且多吃蔬果，並不會對人體造成負擔。

紅蔥油

紅蔥油可用於拌麵或燙青菜時加入一匙，香氣四溢。

01　若想要自製紅蔥油，可在琺瑯盤內留下一半的豬油，加入洗淨去皮切片的
　　油蔥頭（無水珠）。

02　再按一次 22 除油行程，即可成功地製作出紅蔥油。

TIPS　需觀察油蔥變成漂亮的金黃色即完成。

炸蒜片

作者：莊子瑩
機型：SHARP AX-XP100

材料

蒜頭⋯⋯⋯⋯⋯⋯⋯⋯⋯3 顆
橄欖油⋯⋯⋯⋯⋯⋯⋯⋯適量

準備

・蒜頭洗淨，去除外皮後切成薄片，厚度儘量一致。
・取一個耐熱小容器，放入蒜片，倒入橄欖油，蓋過
　蒜片即可。

做法

01　放在上層，選擇 **#58 日式雞塊模式 →1 ～ 2 人模式**。

02　行程結束後，拿一根筷子攪拌翻面。

03　延長 1 分鐘各兩次，每次皆要用筷子攪拌翻面。

04　若是還沒呈現金黃色，則可延長 20 秒微調，避免過焦。出爐後，儘快取出放涼。

TIPS

完成的炸蒜片也可以切成蒜末，搭配燙青菜食用；或者搭配牛排食用，都很美味。

SHARP
AX-XP100

烤盤位置 | 上層　　儲水盒水位 | 2

金平牛蒡

手動加熱　煮こみ 25 分鐘

作者 | 莊子瑩

材料（4人份）

牛蒡........................約 150g
白芝麻........................適量
調味料
　醬油....................4 大匙
　糖........................3 大匙
　味醂....................3 大匙
　鹽....................1/2 小匙

準備

- 牛蒡外皮刷洗乾淨，以刀背輕輕刮除外皮。將牛蒡斜切成薄片，再切成細絲；細絲泡水約 10 分鐘，取出瀝乾備用。

做法

01　取一耐熱容器放入牛蒡細絲，加入調味料，攪拌均勻。取鋁箔紙當蓋子，完全蓋住耐熱容器。

02　選擇**手動加熱 → 煮こみ（時間設定 25 分鐘）**。開蓋攪拌，放入續煮 3 分鐘。

03　出爐後，撒上白芝麻即完成。

烤盤位置│**上層**　　儲水盒水位│**2**

脆烤蓮藕片

水波爐設置│**手動加熱 → オーブン（200℃，烤 15 分鐘）**

作者│**莊子瑩**

材料（4 人份）

蓮藕 ············· 1 節（約 150g）

調味料

橄欖油 ····················· 適量
海鹽 ························· 適量
七味粉 ····················· 適量

TIPS　食用時可搭配海鹽
或七味辣椒粉。

準備

- 蓮藕洗去表面泥士，削皮後切成薄片，厚度儘量一致，愈薄愈酥脆。
- 將蓮藕片泡在水裡，避免氧化變色；取出後，用廚房紙巾擦乾蓮藕片備用。

做法

01　在角皿中均勻鋪上蓮藕片，儘量不要重疊，然後擦上一層薄薄的橄欖油。

02　選擇**手動加熱 → オーブン（烤箱）→ 預熱 200℃，烤 15 分鐘**。

03　時間結束後，將角皿轉向，續烤 3 分鐘，直至蓮藕片呈現金黃色，可先夾出。若是其他較厚的蓮藕片還未呈現金黃色，請延長時間，每次加 2 ～ 3 分鐘微調。

HITACHI MRO-NS8

烤盤位置 | 中層　　儲水盒水位 | 0

蜂蜜醬燒蔬菜肉捲

水波爐設置 | 手動調理 → オーブン（烤箱）200℃烘烤 15 分鐘
→ 180℃烘烤 10 分鐘

作者 | 2 老 +2 小 / 料理 x 玩樂

材料（5 人份）

豬梅花火鍋肉片
………… 1 盒（約 10 ～ 12 片）
紅蘿蔔……………… 1/2 條
四季豆…………………… 6 根
玉米筍 ………………… 6 根
太白粉………………… 適量
調味料
　蜂蜜…………………… 2 大匙
　醬油…………………… 2 大匙

準備

• 將洗淨的紅蘿蔔切條，玉米筍剖半及四季豆切段備用。

做法

01　把火鍋肉片攤開，再把紅蘿蔔、玉米筍、四季豆放在豬肉薄片的一端，慢慢捲起來。捲到尾端，撒上些太白粉（或麵粉）做黏著，以便固定肉捲。

02　將捲好的蔬菜豬肉捲放入水波爐，選擇**オーブン（烤箱）**模式以 **200℃**烘烤，豬肉捲上色後，翻動換面再烤，烤熟後（約烤 15 分鐘）取出備用。

03　取一琺瑯盤放入調味料後，加入烤過蔬菜豬肉捲，再放入水波爐選擇**オーブン（烤箱）模式**以 **180℃烤**約 10 分鐘（記得要翻動上色），烤至略略收汁即可。

烤盤位置｜**下層**　儲水盒水位｜**0**

雞絲粉皮

水波爐設置｜蒸（steam）行程蒸 20 鐘

TOSHIBA
ER-GD400HK

作者｜**Donna Tam**

材料（4人份）

乾粉皮⋯⋯⋯⋯1 包（250g）
雞柳（或雞胸）⋯⋯⋯⋯350g
小黃瓜⋯⋯⋯⋯⋯⋯⋯1 條
調味料
　鹽⋯⋯⋯⋯⋯⋯1/4 小匙
　胡椒⋯⋯⋯⋯⋯1/4 小匙
　市售日式胡麻沙拉醬
　⋯⋯⋯⋯⋯⋯1 ～ 2 大匙

準備

• 一鍋熱水，水開後放入粉皮，煮至粉皮變透明及軟身（大約煮 15 ～ 20 分鐘），撈出瀝乾水份後，放入冰水浸泡備用。

• 小黃瓜剖開去籽，切成細條狀備用。

• 如果沒買到雞柳肉，而是買整個雞胸肉，請蒸熟後撕成絲。

做法

01　在雞柳撒上些許鹽及胡椒調味，放置爐中用**蒸（steam）行程蒸 20 鐘**（如果是整副雞胸肉，則蒸 30 分）。

02　蒸好的雞柳撕成條狀備用。

03　粉皮置於盤中，隨意放上黃瓜絲，鋪上雞絲後，淋上胡麻沙拉醬調味。

香蒜鯷魚馬鈴薯盒子

水波爐設置｜手動模式 → 蒸煮 15 分鐘；烤箱模式 → 預熱 200℃烤 9 分鐘

SHARP
AX-XP100

作者｜**申士芳**

材料（5 人份）

馬鈴薯	2 顆	**調味料**	
蘑菇	10 朵	鹽	1/4 小匙
蒜頭	1 大顆	胡椒粉	1/4 小匙
紅甜椒	1/4 顆	橄欖油	1 小匙
洋蔥	1/4 顆	奶油	1 小塊
醃漬鯷魚	5 小條	動物性鮮奶油	50ml
餛飩皮	10 片		

裝飾

綠紫蘇葉	依盒子個數
青蔥絲	些許

準備

- 材料洗淨後，馬鈴薯削皮、切成 2cm 小方塊，泡水半小時。
- 蘑菇擦淨後，切成薄片狀。
- 蒜切末，甜椒對剖，去囊後切成 1cm 小塊狀。洋蔥切成約 1cm 小塊狀，泡冰塊開水備用。
- 自鯷魚罐頭取出 5 小條魚切碎。

做法

01 在馬鈴薯塊撒上鹽及胡椒粉，放入水波爐中，選擇**手動模式，蒸煮 15 分鐘**。

02 同時將切片蘑菇入鍋，加一點點鹽炒至略乾後，起鍋（鹽的作用是幫助蘑菇出水，一小撮即可，因為等會兒要加入的醃漬鯷魚已有鹹度）。

03 餛飩皮兩面抹上橄欖油後，放入杯狀烤模，入水波爐，選擇**烤箱模式，預熱 200℃後，烤 9 分鐘**至呈金黃色。

04 用奶油將已蒸煮過的馬鈴薯塊煎香後，放入蒜末、02 的蘑菇、鯷魚碎、動物性鮮奶油，撒上些許胡椒粉後，拌炒至收汁起鍋。

05 烤至金黃香酥的盒子出爐後，放入 04 的餡料及甜椒、洋蔥塊。

06 最後，鋪上綠紫蘇葉與青蔥絲做裝飾。

SHARP
AX-XP200

作者｜令意

玉米起司雞肉丸

水波爐設置｜ 蒸 4 分鐘 → 200℃ 手動烘烤 16 分鐘

材料（8 顆）

		醃料	
雞胸肉	300g		
玉米粒	3 大匙	蛋白	1 個
蔥花	1 又 1/2 大匙	鹽	1/2 小匙
起司絲	約 60g	太白粉	1/2 小匙

準備

- 用錫箔紙摺個淺盤，放在原廠烤盤上，並在錫箔紙上抹油以防沾黏。
- 雞胸肉洗淨，剁成細的雞絞肉。青蔥洗淨瀝乾後，切成蔥花。

做法

01　絞肉加入醃料，用筷子以同方向攪拌，至產生黏性。然後放入玉米粒和蔥花拌勻。

02　將 01 的雞肉泥分成 8 份，起司絲也分成 8 份（起司絲捏緊成球狀會比較好包）。手掌沾水弄濕，才不會黏肉屑，雞肉中央按凹一個洞，將起司球包入雞肉中。

03　肉丸確實捏牢後，整形成圓球狀，排列在錫箔紙上。

04　放進**水波爐上層**，蒸 **4 分鐘**，不出爐，直接改手動烘烤 **200℃**，不預熱，烤 **16 分鐘**。

Panasonic
NN-BS1000

作者｜劉恩妘

烤盤位置｜**中層**　儲水盒水位｜**滿水位**

珍珠丸子

水波爐設置｜**行程蒸氣 18 分鐘**

材料（約 12 顆）

絞肉 ························· 300g
香菇 ·························· 15g
長糯米 ······················· 90g

調味料

鹽 ···························· 5g
雞粉（或味精少許，可不加）
水 ························· 20ml
香油 ··················· 1/4 小匙
胡椒粉 ···················· 少許

準備

- 長糯米泡水 1 小時，瀝乾備用。
- 乾香菇泡軟後切成細末，絞肉剁細（或請肉商絞 2 次）。

做法

01　取一盆子放入香菇、絞肉和水，用筷子以旋轉的方式攪拌。攪拌均勻後，加入鹽、雞粉、香油以及胡椒粉，繼續攪拌至有黏性。

02　使用大量匙，挖出一平匙的絞肉泥，用兩手左右手甩拋，使肉泥漸呈圓形。

03　將肉泥揉成小圓球狀，再裹上糯米，一共大約 14 顆，放置盤中送入爐中，使用**手動蒸氣 18 分鐘**即可。

TIPS　手動蒸氣的時間，需依肉丸子量的大小，來調整設定的時間。

SHARP
AX-SP1

作者 | Yuuli Wu

烤盤位置 | 上層　　儲水盒水位 | 2

紫蘇梅秋刀魚捲

水波爐設置 | 內建炸蝦模式，淡色，9分鐘（或是手動選擇グリル，12分鐘完成）

材料（4人份）

秋刀魚	4 尾		
紫蘇葉	16 片		
麵粉	適量		
地瓜粉	適量		
檸檬	1/2 顆		

調味料

紫蘇梅 …………… 3 ～ 4 顆

醃料

醬油……………………2 大匙
酒………………………1 大匙
薑汁……………………1 小匙
紫蘇梅汁………………1 小匙

準備

- 去除魚內臟後清洗乾淨，片成三片，去掉中間主骨，挑掉兩片魚肉的細刺。
- 紫蘇梅去籽取肉，再以大匙壓成泥，與醃汁一起保留。
- 魚肉淋上醃料，醃約 10 分鐘（醃的時間可以準備粉類跟切檸檬榨汁）。

做法

01　將魚用紙巾拭乾，兩面拍上薄薄一層的麵粉。

02　魚肉那面先抹上紫蘇梅泥，再排上兩片紫蘇葉，從頭捲向尾端，並用牙籤固定好之後，整個再滾上一層地瓜粉。

03　水波爐選擇**炸蝦模式，放中段，9分鐘**（或是手動選擇グリル，12分鐘）即完成。

 TIPS　吃的時候，淋上一點檸檬汁，風味更佳。

TOSHIBA
ER-GD400HK

白醬起司培根焗薯角

水波爐設置｜convection preheat（烤箱預熱）以 220℃烤 20 分鐘
→convection（烤箱）以 230℃烤 4 分鐘

作者 | Donna Tam

材料（4 人份）

		調味料		白醬	
馬鈴薯	300g	鹽	1/4 小匙	奶油	15g
培根	60g	黑胡椒	1/2 小匙	低筋麵粉	15g
洋蔥	60g	橄欖油	1 又 1/2 大匙	牛奶	120g
小香腸	60g	油	1 小匙		
馬茲瑞拉起司碎	120g			裝飾	
				巴西利碎	適量

準備

• 馬鈴薯刷洗乾淨，無需去皮，用廚房紙拭乾水份，切成船型。

• 將船型薯角放進夾鏈袋中，加入調味料，封好袋口搖勻，讓所有薯角都沾到調味料。

• 培根切小粒，小香腸切片，洋蔥切碎。

做法

01　水波爐以 220℃ 預熱 20 分鐘，將薯角排在網架上，放進水波爐下層，以 220℃ 烤 20 分鐘至香脆即可（烘烤時間視薯角大小及厚薄而有所不同，有需要可自行調節溫度及時間）。

02　平底鍋開火，下 1 小匙油，培根炒至熟及聞到香味，盛起濾除油，接著，炒香香腸片，再放入洋蔥碎，炒至微黃變軟，盛起備用。

03　取另一乾淨平底鍋，將鍋燒熱後，關火。加入奶油，待奶油融化後，加入麵粉拌炒至無粉粒狀，將牛奶分次倒入麵粉糊內拌勻。完全拌勻後，開小火加入 02，炒至白醬變濃稠，關火，盛起備用。

04　將烤好的薯角放在鑄鐵鍋中排好，鋪上已放涼的白醬及配料，撒上馬茲瑞拉起司碎，放入水波爐以 **230℃ 烤 4 分鐘**。

05　出爐後，撒上巴西利碎裝飾即可享用。

此食譜內的白醬並沒有加鹽調味，鹹味來源主要為培根及小香腸，如有需要，可自行加入適量鹽巴。

作者 | 莊子瑩

韓式牛肉湯

水波爐設置 | **手動加熱 → 微波レンジ模式 600w → 手動加熱 → 煮こみ模式**

材料（4 人份）

帶筋牛肉	1 盒（約 300g）	鹽	1 小匙
乾燥海帶芽	10g	醬油	6 大匙
蒜泥	1 大匙	水	700 ml
橄欖油	1 大匙		

準備

- 乾燥海帶芽用水洗去泥沙，泡水 10 分鐘。
- 帶筋牛肉逆紋切成適口大小。

做法

01　拿一個寬口徑耐熱容器，倒入 1 大匙橄欖油，放入蒜泥。

02　放入水波爐中間，選擇**手動加熱 → 微波レンジ模式 600w**，設定 **1 分 30 秒**，爆香蒜泥。

03　取出後，放入帶筋牛肉，攪拌均勻，放入水波爐中間，選擇**手動加熱 → 微波レンジ模式 600w**，時間設定 **2 分鐘**。

04　取出後，換成有蓋湯鍋，並放入海帶芽、鹽、醬油、水。

05　放在角皿，置於下層，選擇**手動加熱 → 煮こみ模式**，時間設定 **40 分鐘**。行程結束，可視情況，另外再延長 5 ～ 10 分鐘。

微波時不可使用金屬材質容器。

作者 | 申士芳

烤盤位置 | **下層**　儲水盒水位 | **2**

馬鈴薯豬骨湯

水波爐設置 | **手動燉煮模式 →60 分鐘 →30 分鐘**

材料（4 人份）

豬大骨	330g	
胛心排骨	230g	
馬鈴薯	3 顆	
鴻喜菇	1 小包	
大蒜	1 大顆	
青蔥	5 根	
乾海帶	1 長條	
洋蔥	1 顆	

薑	1 小塊
小魚乾	10 尾
清水	1000ml

調味料

韓式大醬	2 大匙
香油	1 小匙

醬汁

韓式辣醬	1 又 1/2 大匙
韓式辣椒粉	1 大匙
醬油	1 大匙
魚露	2 大匙
米酒	2 大匙
胡椒粉	1 小匙

準備

- 骨頭汆燙洗淨，去雜質。
- 將馬鈴薯去皮，切滾刀塊。薑切片。洋蔥切成 4 塊。
- 乾海帶用濕紙巾擦拭後，切段。大蒜去膜。
- 將所有醬汁材料調製均勻備用。

做法

01　將小魚乾、燙過的骨頭、塊狀馬鈴薯、大蒜、海帶、洋蔥、薑片及蔥全部入鍋。

02　鍋內再放入 2 大匙的大醬、1000ml 的清水，放入水波爐中。

03　選擇**手動燉煮模式燉煮 60 分鐘**。

04　開爐，放入調製的醬汁及鴻喜菇。繼續燉煮 30 分鐘，出爐後，滴上香油即完成。

SHARP
AX-PX3

作者｜Mo Liu

烤盤位置｜**中層**　儲水盒水位｜**2**

麻油米糕

水波爐設置｜微波 **500W 30 秒** → 微波 **500W 1 分鐘** → 強蒸 **23 分鐘**

材料（3 人份）

糯米⋯⋯⋯⋯⋯⋯2 米杯	米血糕⋯⋯⋯⋯⋯⋯⋯⋯100g	調味料
水⋯⋯⋯⋯⋯1 又 1/3 米杯	枸杞⋯⋯⋯⋯⋯⋯⋯⋯⋯10g	黑麻油⋯⋯1 又 1/2 大匙
老薑⋯⋯⋯⋯⋯⋯⋯⋯15g	香菜⋯⋯⋯⋯⋯⋯⋯⋯適量	鹽⋯⋯⋯⋯⋯⋯⋯⋯3g
雞肉⋯⋯⋯⋯⋯⋯⋯160g		

準備

* 糯米、枸杞洗淨備用。
* 老薑切片。雞肉、米血糕切塊。

做法

01　薑片和麻油混合均勻，放入爐中**微波 500W 30 秒**。

02　雞肉切小塊和麻油薑混合均勻，**微波 500W 1 分鐘**。

03　將麻油薑、糯米、枸杞和鹽拌勻，攤平在深盤上，然後將米血和雞肉均勻地插入米粒中，加水 1 又 1/3 米杯入爐中層，**強蒸 23 分鐘**。

04　取出拌勻，撒上香菜裝飾即完成。

* 糯米和水的比例約為 1:0.6。入爐時，米粒必須保持在水下，以確保蒸軟。
* 雞肉也可以改用豬肉替換。
* 一開始就放入枸杞一起蒸煮是簡便的做法，但若怕枸杞容易破裂，想要維持外型美觀，不妨選擇在行程結束前 3 分鐘再撒入枸杞。
* 使用微波的步驟，注意不要使用金屬類容器盛裝。

SHARP
AX-PX3

作者｜**Mo Liu**

烤盤位置｜**中層**　儲水盒水位｜**1**

鳳梨炒飯

水波爐設置｜**水波燒烤 15 分鐘**

材料（2～3人份）

隔夜飯·····················320g	火腿丁·····················30g	調味料
美奶滋·······················10g	洋蔥丁·····················20g	鹽······························4g
蛋黃···························1 個	鳳梨················60 ～ 80g	黑胡椒·····················2g
毛豆仁·······················50g	肉鬆·······················25g	

準備

• 洋蔥和火腿切丁，鳳梨切小片，另備好蛋黃和毛豆仁。

做法

01　將美奶滋和蛋黃均勻拌入冷飯中。

02　再繼續拌入毛豆仁和火腿丁，然後，加入鹽及黑胡椒調味。

03　將拌好的飯平鋪在烤盤上，洋蔥和鳳梨平鋪在飯上，送入水波爐中層，以**水波燒烤 15 分鐘**。

04　出爐後，將洋蔥和鳳梨拌入飯中，擺盤後，撒上肉鬆裝飾即完成。

Panasonic
NN-BS1000

作者│劉恩妘

烤盤位置│**中層**　儲水盒水位│**中**

炒泡麵

水波爐設置│**飲料加熱 3 分鐘** →**233 日式炒麵 20 分鐘**

材料（4 人份）

泡麵 ……………………3 包	娃娃菜 …………………1 包	調味料
蝦子 …………………15 隻	新鮮香菇 ………………2 朵	油 ……………………1 小匙
肉絲 …………………50g	韭菜… 數根（可改其他蔬菜）	鹽 ……………………1 小匙
中卷 …………………1 尾		

準備

* 肉絲用蒜頭醬油膏醃製 10 分鐘備用。
* 蝦子去殼及泥腸,中卷洗淨切條備用。

做法

01　使用耐熱容器放入可容納 4 包泡麵的水量,選擇飲料加熱至 70℃,加熱完成後,放入泡麵浸泡。

02　在雙面烤盤鋪上烘培紙,上面抹油,放上蔬菜。

03　再於 02 上放上軟化的泡麵,最上層再放上肉絲、蝦及中卷,選擇 **#233 日式炒麵,火力標準,時間約 15 分鐘**,時間到後,檢查一下蝦子和肉的熟度,若不夠熟,可視情況再加熱一下。若熟了,則可提前出爐。

04　撒上鹽,加入油拌勻。

他牌使用者可選用**手動微波 600W10 分鐘**,(期間可觀察肉絲熟度,提前結束烹調)。由於底層會比較濕軟,上下均勻輕拌,水分消散後,麵條即恢復彈性。泡麵也可用筷子撥開,以免過軟影響到炒麵口感。

三色蛋

水波爐設置｜水盒滿水位 → **手動蒸煮 40 分鐘** → **追加 10 分**

材料

雞蛋 ································ 4 顆
皮蛋 ································ 2 顆
鹹鴨蛋 ···························· 2 顆
味醂 ······························ 3 大匙

準備

• 17cmX12cm 耐熱玻璃保鮮盒中鋪上耐熱塑膠袋。
• 鴨蛋和皮蛋去殼 ，切成四等份。

做法

兩顆全蛋及兩顆蛋白打散，加入味醂拌勻後，倒入玻璃保鮮盒中。

於 平均鋪上皮蛋與鹹鴨蛋，另外兩顆蛋黃打散備用。

放入爐中**手動蒸煮 40 分鐘**，取出後淋上另兩顆蛋黃液後，**追加 10 分**。

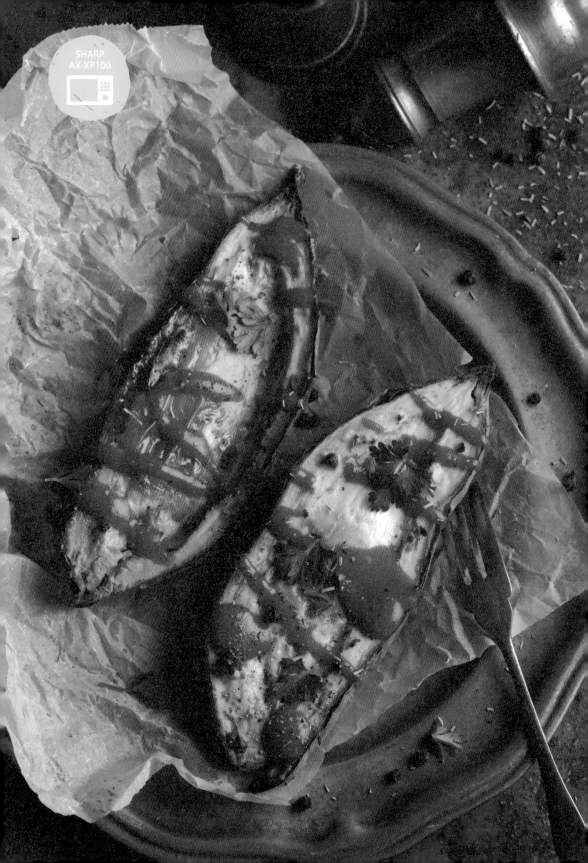

作者｜莊子瑩

甜薯烤蛋

水波爐設置 ┊ **#53 烤地瓜 28 分** → **手動加熱** → **210℃水波烘烤ウォーターオーブン 10 ～ 12 分鐘**

食材（4人份）

中型地瓜 ……… 400 ～ 450g	海鹽 ………………………1/4 小匙
雞蛋 …………………………2 顆	黑胡椒…………………1/4 小匙
新鮮巴西利（或香菜） 適量	是拉差甜辣椒醬………1 大匙

準備

- 洗淨地瓜外皮。
- 地瓜可事先置於冷凍庫冷凍 40 ～ 45 分鐘。

做法

1. 在角皿上舖上烘焙紙。選擇 **#53 烤地瓜行程**，大約 28 分鐘。

2. 取出後，縱向對切，並用湯匙挖取地瓜中間的內部，剩下底部及邊緣的船型。在每半個地瓜船，打入 1 顆雞蛋。

3. 選擇**手動加熱** → **水波烘烤ウォーターオーブン 210℃**，根據自已的喜好烤 10 ～ 12 分鐘。

4. 出爐後，撒上海鹽、黑胡椒粉、碎巴西利及淋上是拉差甜辣椒醬即完成。

作者 | Yiting Hsu

装盤位置 | 中層　　儲水盒水位 | 2

香辣蔥蛋虱目魚

水波爐設置 | **NO35. 鹽燒魚自動行程** → 預熱完成 → 行程時間約 12 分鐘

虱目魚肚 ……………… 1 片	雞蛋 ……………… 2 顆	薑末 ……………… 1/4 小匙
辣椒 ……………… 2 根		糖 ……………… 1 小匙
蔥 ……………… 2 根	**調味料**	白胡椒 ……………… 1/4 小匙
青蒜 ……………… 2 根	米酒 ……………… 1 大匙	
剝皮辣椒 ……………… 4 條	醬油 ……………… 1 大匙	

- 辣椒切段、蔥切蔥花、青蒜切段、剝皮辣椒切丁備用。
- 虱目魚肚兩面抹上薄薄的鹽備用。
- 將 2 顆蛋加入蔥花、加入些許的剝皮辣椒丁，打勻成全蛋液。
- 將米酒、醬油、薑末、糖和白胡椒調好備用。

鐵鍋中抹一點油，將虱目魚肚放進鍋內，放進預熱完成的水波爐內，按下啟動。

行程時間剩 5 分鐘時，打開爐門，倒入攪拌均勻的全蛋液後，繼續啟動行程（像烘蛋一樣）。結束後，取出完成的虱目魚蛋。

起鍋熱油將剝皮辣椒、辣椒、蔥段（蒜苗）炒香，倒入調好的調味料拌炒一下，淋在已完成的虱目魚蛋上。

- 在此是使用自動行程來烹調，時間可以依照自己喜歡的熟成程度，來選擇要不要延長。
- 調味料中可加入剝皮辣椒湯汁來增添風味。
- 醬汁可以依個人口味適量加入。

作者 | Jenny Lam

蚵仔油條蔥煎蛋

水波爐設置 | **水波烘烤 220℃，預熱 1 段**

食材

蚵仔	500 ～ 600g	蔥	3 支	調味料	
雞蛋（大）	4 個	玉米粉（清洗蚵仔用）	適量	魚露	少許
油條	1 根	香菜（裝飾用）	適量	玉米油	適量

做法

- 蚵仔稍微以清水沖洗，瀝乾後放置大碗中，下數湯匙玉米粉拌勻，用手小心搓去蚵仔的污泥再沖洗，重複此做法，至蚵仔潔白為止，瀝乾備用。燒一鍋沸水，下蚵仔汆燙 20 秒，撈起瀝乾備用。
- 蔥和香菜洗淨，蔥切碎，香菜切小段，並保留完整的菜葉部分。
- 油條切成約 2 至 2.5cm 厚小片。
- 雞蛋拌勻，加入蔥花和調味料混合。

烘烤

準備一個可入爐的不沾煎鍋，下適量玉米油，把蚵仔平均地鋪在煎鍋中。

於　　中下蔥蛋液，然後加入油條。

不沾鍋放在原廠烤盤中央，當水爐預熱完成後，把烤盤放在上層，關上爐門，輸入所需時間 13 分鐘，按下開始鍵。

烘烤完畢後，把煎蛋盛盤，撒上香菜即完成。

作者 | **方糖夫人**

蒸煮料理 | 上菜　蒸煮食材 | 2

蒸煮麻婆豆腐

水波爐設置 | **手動蒸煮功能 25 分鐘**

食材〔2~3人份〕

板豆腐 ························1 塊
豬絞肉 ······················110g
朝天椒 ·········酌量（可不加）
蒜頭 ·························3 瓣
蔥花 ·························適量

調味料

醬油 ··········1 又 1/2 大匙
辣豆瓣 ······1 又 1/2 大匙
椒麻油 ·····················3 大匙
（請參考 P046 做法）
水 ·····························50ml

前置作業

• 板豆腐切丁（約 1.5×1.5cm 大小），放入可蒸之容器備用。
• 朝天椒切細碎。蒜頭切細末。
• 豬絞肉加入辣椒碎、醬油、辣豆瓣、蒜末和水拌勻醃製，然
  後拌入椒麻油。

製作步驟

將豬絞肉均勻倒在豆腐丁上後，**手動蒸煮 25 分鐘**，撒上蔥花即可。

做法出自《蘇發福日記》

作者｜**方糖夫人**

干鍋豆皮花椰菜

水波爐設置｜**手動燒烤預熱模式 8 分鐘（或烤箱預熱功能 200℃，18 分鐘）→ 手動烤箱預熱模式 200℃，13 分鐘**

豆皮……………………2 片	薑片……………4 ～ 5 片	蒜片……………………3 瓣
白花椰菜……………1/2 顆	芹菜………………………2 根	椒麻油…………………3 大匙
（可只用單一種花椰菜）		二荊椒…………………1 把
綠花椰菜……………1/2 顆	調味料	糖……………………1/2 小匙
洋蔥……1/2 顆（白、紫皆可）	醬油…………1 又 1/2 大匙	
蔥 ……………………3 支	米酒…………………1/2 大匙	

- 豆皮雙面抹油。
- 花椰菜洗淨瀝乾，掰成小朵（花椰菜若殘留太多水分，烤後，會水水軟軟的）。
- 洋蔥切塊狀。蔥切和芹菜切段狀（約 4 ～ 5cm 長）。

豆皮雙面抹油，放在烘焙紙上，**手動燒烤預熱模式 8 分鐘**（或烤箱預熱功能 200℃ /18 分鐘），至表面酥脆上色即可，取出切成四小塊。

花椰菜均勻刷上油，**手動烤箱預熱模式 200℃，13 分鐘**。

椒麻油以中小火爆香薑片和蔥白、蒜片，再加入洋蔥和乾辣椒炒香即可（洋蔥不需炒軟）。

將 轉大火，倒入花椰菜和豆皮，加入芹菜、醬油、糖和米酒熗鍋拌炒一下，即可起鍋。

HITACHI
MRO-RS7

作者 | 莊鴻

大煮干絲

水波爐設置 | 選擇自動行程 18 馬鈴薯燉肉，火力中，選擇少人數

材料

白豆干 ················ 2 塊	毛豆仁 ················ 50g	調味料
（或直接買干絲 150g）	火腿 ···················· 4 片	雞湯 ··················· 適量
乾黑木耳 ·············· 6g	青江菜心 ·········· 4 小棵	鹽 ························· 3g
蝦仁 ················· 6 顆		

作法

· 豆干先切片，再切成細絲，過水清洗兩遍，木耳提前泡發，火腿切細絲。

取有蓋可微波容器，將干絲堆疊在容器中央，依次加入毛豆仁、泡發好的木耳、火腿絲後，放入鹽，然後倒入雞湯漫過食材。

將容器置於水波爐底層中央，執行**自動行程 18 馬鈴薯燉肉，火力中，選擇少人數**。剩下 10 分鐘的時候，加入蝦仁和青江菜心，繼續完成行程即可。

· 豆干需選擇韌性較好、不易碎的。
· 蝦仁和青江菜千萬不要提前加入，否則蝦仁會老，青江菜會爛。

作者｜莊鴻

蔥油蒸杏鮑菇

水波爐設置｜**選擇蒸汽＋微波爐模式 7 分鐘**

材料（2 人份）

杏鮑菇·····················200g	醬油·····················20g
	植物油·····················30g
調味（蔥油）	糖·····················1g
蔥花·····················50g	鹽·····················1g
薑末·····················5g	

準備

- 蔥切花，薑切末，杏鮑菇從根部往下撕成 0.5cm 左右的條狀。

做法

將蔥油部分材料除油以外的材料拌勻，在鍋中將油燒熱，趁熱將熱油沖入放蔥花及薑末的碗中，用筷子快速拌勻，即成蔥油。

將杏鮑菇擺盤，再將蔥油均勻淋在杏鮑菇上面，放入水波爐底層中央，執行**蒸汽＋微波爐模式 7 分鐘**。

作者｜劉恩妘

冰糖苦瓜封

水波爐設置｜行程 202 炸豬排模式 16 分鐘 → 翻面再加熱 10 分鐘（共炸 16+10 分鐘）。行程微波 600 瓦 15 分鐘 → 再加熱 10 分鐘（共微波烹煮 15+10)

材料

苦瓜············1 斤（約 2 條）
油·····················1 大匙
鹽·····················1/4 小匙

調味料
醬油·····················2 大匙
水·····················200ml
冰糖·····················1 大匙
紹興酒·····················1 大匙
豆豉·····················1 大匙

作法

苦瓜切對半、去籽，雙面抹上油再撒上鹽後，排至雙面烤盤上，以 **#202 炸豬排 4 人份火力強行程**跑完後，翻面再加熱 10 分鐘。

炸好的苦瓜拌入調味料，放入可微波的容器內，以**微波 600W 加熱 15 分鐘**，翻面，再**加熱 10 ～ 15 分鐘**即可。

由於豆豉偏鹹，可視個人口味酌量增減。

作者｜劉恩妘

魚香茄子

水波爐設置｜**行程 202 炸豬排模式 16 分鐘** → **微波 600 瓦 5 分鐘。**（共烤 16 分 +5 鐘）

茄子·······················1 斤
絞肉·····················80g
蔥花·····················少許

調味料

蠔油·····················2 大匙
紹興酒·················1 大匙
辣豆瓣醬·············1 大匙
糖·························1 小匙
蒜頭·····················1 小匙
薑末·····················1 小匙
油·························1 小匙

茄子對半切開成約 4cm 的段狀，內面撒少許鹽，表皮向上抹油，放在雙面烤盤，使用**炸 #202 豬排模式**將茄子炸軟。

另起油鍋，放入 1 小匙油爆香蒜末和薑末，然後放入絞肉炒香，加入蠔油、酒、豆瓣醬以及糖。

將煮軟的茄子放置可微波的容器中，上層鋪上　做好的魚香餡料，以 **600W 微波 5 分鐘**即可。

茄子也可以直接整條放入炸熟，之後再分切成段。

Panasonic
NN-BS1000

作者 | 劉恩妘

乾煸四季豆

水波爐設置 | 行程 **202 炸豬排模式 16 分鐘** → **取出再加熱 10 分鐘**

食材

四季豆	300g	B		
豬絞肉	100g	醬油膏	1 小匙	
蒜頭	少許	豆瓣醬	1 小匙	
蔥花	少許	糖	1 小匙	
		米酒	1 小匙	

調味料
A

油 ………………………1 大匙

鹽 ………………………少許

作法

四季豆加入調味料 A 拌勻，使用**編號 #202 炸豬排 4 人份**功能，火力強直至行程跑完約 20 分鐘，炸好後取出備用。

另起油鍋，將蒜頭爆香後，依序加入調味料 B，待水波爐行程完畢後，將絞肉末拌入，再**加熱 10 分鐘**，完成後，撒上蔥花即可。

TIPS 　其他廠牌使用者，亦可選擇炸豬排模式烹調。

烤盤位置｜上層 ｜ 儲水盒水位｜2

油炸金目鱸

水波爐設置｜自動行程 #47

SHARP
AX- XP100

作者 | 吳明石

材料（4 人份）

金目鱸.......... 1 條（1300g）　　調味料　　　　　　　　　　　　醃料

　　　　　　　　　　　　　　　葡萄籽油.................. 20g　　　鮮奶.......................... 30g
　　　　　　　　　　　　　　　白胡椒粉..................　　　　奶油麵粉.................. 20g
　　　　　　　　　　　　　　　莫頓鹽..............1/2 小匙

準備

- 金目鱸去鱗，去內臟，同時剪掉鰭。將腹內污血刷淨，清洗後，兩側各劃三刀。
- 切好的金目鱸泡鮮奶 1 分鐘之後，用廚房紙巾吸乾。雙面裹上奶油麵粉，靜置 5 分鐘後，將多餘的麵粉輕輕刷掉。

做法

01　金目鱸表體刷上葡萄籽油，放置水波爐上層，以 **#47 燒烤鯛魚行程**燒烤。

02　出爐後，撒上胡椒粉及莫頓鹽。

炸魚前先泡鮮奶，除了可以去腥之外，鮮奶的蛋白質與胺基酸會與麵粉中的葡萄糖結合，油炸後，會產生梅納反應，不但能增添微焦色澤及焦香氣，同時魚體還能保有水分，味道也不會變淡。

奶油麵粉

材料　　　　　　　　　　　做法

低筋麵粉 ....150g　　01 平底鍋加熱後放入奶油，以中火融化，加入篩過
無鹽奶油 .... 30g　　　　的低筋麵粉，炒至麵粉溫度至 150℃ 時，離火。
　　　　　　　　　　　　　　02 待冷卻後，再次篩過。裝瓶備用。

- 麵粉加水後，加熱會糊化，麵粉粒子會相互結合，成為疙瘩，用奶油充分炒過，麵粉的顆粒會被奶油包覆，加熱至高溫時部份澱粉會分解，減少黏性。就不會結成疙瘩。
- 麵粉的麩質與澱粉都會產生不同的黏性（筋 & 糊），奶油麵粉適用澱粉含量較高的低筋麵粉，黏性較佳。

SHARP
AX- XP200

烤盤位置 | 上層　儲水盒水位 | 0

蒜味起司檸檬魚

水波爐設置 | 一段 200℃ 烘烤 25 分鐘（視魚片大小自行調整時間）

材料（4 人份）

		調味料
石斑魚片 ‥‥‥‥‥‥‥ 2 塊	大蒜 ‥‥‥‥ 10 瓣（姆指大小）	海鹽 ‥‥‥‥‥‥‥‥‥‥ 2g
奶油起司 ‥‥‥‥‥‥‥ 300g	花椰菜 ‥‥‥‥‥‥‥ 1/4 顆	檸檬胡椒 ‥‥‥‥‥‥‥ 2g
檸檬 ‥‥‥‥‥‥‥‥‥ 2 個	紅、青、黃椒 ‥‥ 各 1/2 顆	魚露 ‥‥‥‥‥‥‥‥‥‥ 5g
帕瑪森起司 ‥‥‥‥‥‥ 50g		橄欖油 ‥‥‥‥‥‥‥‥ 20g

準備

* 檸檬 1 顆榨汁後，將奶油起司、大蒜與檸檬汁用食物處理機攪拌均勻成起司醬。
* 將魚露、橄欖油與另一顆檸檬榨汁後，混合為醬汁。

做法

01　取一耐烤盤，將花椰菜、紅、青、黃椒平鋪於烤盤上。

02　取 1/3 混合好的起司醬平鋪於烤盤後，放上魚片。撒上些許海鹽及檸檬胡椒後，淋上醬汁。

03　再將其餘 2/3 的起司醬覆蓋在魚片上後，撒上帕瑪森起司，再放進水波爐中以 **200℃ 烘烤 25 分鐘**。

SHARP
AX-WP5T

烤盤位置｜上層　　儲水盒水位｜0

重慶烤魚

水波爐設置｜手動烤箱預熱模式 220℃，20 ～ 25 分鐘 → 煮 5 ～ 10 分鐘

作者│**方糖夫人**

		醃料			
鱸魚	1 尾				
蔬菜高湯	1000ml	鹽	1/2 小匙	花椒粉	1 小匙
麻辣油	90 ～ 120ml	孜然粉	2 大匙	米酒	1 大匙
（請參考 P046 做法）		辣椒粉	1 小匙	醬油	1 大匙

準備

- 將魚剖半攤開，洗淨擦拭乾後，用鹽、米酒和醬油塗抹魚身，然後把孜然粉、辣椒粉、花椒粉均勻撒在魚身上，靜置 15 ～ 30 分鐘（如能靜置一晚更好）。

做法

01 **手動烤箱預熱模式 220℃ /20 ～ 25 分鐘**，網架塗抹油，魚皮面朝上放置在網架上，烤至魚表皮酥脆即可取出。

02 取一可加熱淺鍋或深烤盤，以蔬菜高湯和大量蔬菜墊底，擺上烤魚，淋上麻辣油燉**煮 5 ～ 10 分鐘**，出爐後，撒上大量蔥花及香菜碎即可。

蔬菜高湯　`烤盤位置│上層`　`儲水盒水位│2`

材料

水	1000ml
胡蘿蔔	1/2 根
白蘿蔔	1/2 根
大白菜	1/2 顆
洋蔥	1 顆（紫、白色皆可）
芹菜	3 支
黑木耳	1 大片
蒜苗	2 支
蔥	3 ～ 4 支
香菜	1 小把
鹽	適量

準備

- 紅蘿蔔和白蘿蔔洗淨，削皮切片（約 0.3cm）。
- 大白菜、黑木耳和洋蔥洗淨，切大塊狀。
- 芹菜洗淨，切段。蒜苗洗淨，切斜段。蔥和香菜切細末備用。

做法

01 水煮滾後，加入紅蘿蔔、白蘿蔔、大白菜、洋蔥和芹菜，手動烤箱不預熱模式 200℃，（或手動蒸煮模式 40 分鐘），鍋子加蓋煮 40 分鐘。最後，再加入蒜苗和鹽調味即可。

TIPS　吃完魚後，剩下的湯頭可繼續當火鍋湯底，涮肉和燙其他食材食用，一樣美味。

作者丨**Wan Ching Cheng**

烤盤位置丨**下層**　儲水盒水位丨**1**

彩椒鳳梨糖醋土魠魚

水波爐設置丨**炸雞模式（13）20 分鐘**

材料（3 ～ 4 人份）

土魠魚·······················1 片	木薯粉·····················1/2 碗	調味料
紅椒·····················1/2 顆	綠色香菜（裝飾用）············	白醋·····················1/2 杯
黃椒·····················1/2 顆		糖·······················2 大匙
洋蔥·····················1/2 顆	醃料	番茄醬···················1/2 杯
鳳梨·····················1/4 顆	米酒·····················少許	清水······················1 杯
奇異果（綠色）···········1 顆	鹽巴···················1/2 小匙	太白粉···················2 大匙

準備

- 將土魠魚片切成約 1.5cm 寬、3 ～ 4cm 長條狀，以醃料抓醃去腥。
- 將洋蔥、紅椒、黃椒切長條狀備用。鳳梨、奇異果切小塊備用。
- 太白粉加入少許的水（份量外），拌勻備用。

做法

01　在醃過的土魠魚塊上平均地拍些木薯粉，待其反潮（約 10 分鐘）後，入水波爐以**炸雞模式（13）炸 20 分鐘**後取出備用。

02　取一炒鍋，下少許油先將洋蔥炒軟，然後放入紅、黃椒略微拌炒後，將白醋、番茄醬、糖和清水下鍋一起熬煮，等到鍋內食材皆滾開了，再加入鳳梨熬滾約 5 分鐘。

03　加入奇異果，再將調好的太白粉水入鍋勾芡。

04　此時，將出爐的魚塊倒回炒鍋，拌炒約 30 秒後，起鍋盛盤即可。

烤盤位置│下層   儲水盒水位│2

白酒燉煮油漬鱸魚
佐蒜味檸檬美乃滋

水波爐設置│**手動模式** → **蒸煮 20 分鐘；手動模式** → **燉煮 30 分鐘**

作者｜申士芳

材料（6 人份）

七星鱸魚 ·········· 1 條	蒜頭 ·········· 1 大顆	**調味料**
蒔蘿 ·········· 30g	檸檬 ·········· 1 顆	白酒（不甜）·········· 250ml
馬鈴薯 ·········· 2 顆		橄欖油 ·········· 2 大匙
番茄 ·········· 2 顆	**醃料**	水 ·········· 250ml
甜椒（紅、黃）·········· 各 1 顆	鹽 ·········· 1/2 小匙	鹽 ·········· 1 小匙
櫛瓜（綠、黃）·········· 各 1 條	胡椒粉 ·········· 1/2 小匙	
洋蔥 ·········· 1 顆	橄欖油 ·········· 100ml	

TIPS 若買不到新鮮蒔蘿，也可用 4 小匙蒔蘿草碎葉香料代替。

準備

- 鱸魚洗淨擦乾後，用鹽、胡椒粉輕拍醃漬。
- 將大蒜磨成蒜泥、檸檬切片、洋蔥切成絲。
- 準備一夾鏈袋，將蒜泥、檸檬片、洋蔥絲、蒔蘿放入後，倒入適量橄欖油，混合均勻。將魚泡入油漬液，浸泡至少 1 小時以上（放入冰箱冰隔夜更好）。
- 將馬鈴薯去皮，切滾刀塊。甜椒對剖後，去囊再切成片狀，櫛瓜也切成約 2 cm 厚片。
- 番茄底部畫十字，放入滾水中浸泡 30 秒。取出後，立刻泡入冰水中去皮，再切成塊狀。

做法

01　在馬鈴薯塊撒上鹽及胡椒粉後，放入水波爐，選擇**手動模式，蒸煮 20 分鐘**。

02　將已蒸煮過的馬鈴薯塊、番茄塊、甜椒片、櫛瓜片及夾鏈袋中的所有食材與油漬液全部倒入鍋中，再淋入白酒及水，食材要浸入汁液中，才不會太乾。

03　選擇**手動模式**，共燉煮 30 分鐘（中途須將上方食材翻動 1 ～ 2 次，避免未浸到湯汁的食材焦掉，燉煮 20 分鐘時，可再淋入 2 大匙橄欖油）。

04　出爐，加入鹽調味，放上新鮮蒔蘿、檸檬片裝飾。

蒜味檸檬美乃滋沾醬　完成的沾醬可用來沾食馬鈴薯塊，非常地美味喔。

材料

日式美乃滋 ·····20g	蒔蘿 ·········· 些許
蒜泥 ·········· 1/4 小匙	胡椒粉 ·········· 適量
檸檬 ·········· 1/2 顆	

做法

日式美乃滋拌入蒜泥、檸檬汁及蒔蘿等香料，再撒上胡椒粉即完成。

烤盤位置｜中層　儲水盒水位｜2

香酥魚排佐雙果莎莎醬

水波爐設定｜　水波爐設定 NO57 炸豬排自動行程，1-2 人份

作者 | **Yiting Hsu**

材料（2 人份）

多利魚·····················1 片	黃金麵包粉	牛番茄·····················4 顆
雞蛋·····················2 顆	麵包粉·····················1 盤	香菜·····················3 株
麵粉·····················1 盤	蒜末·····················5 匙	朝天椒·····················2 根
	橄欖油·····················1 大匙	檸檬·····················1 顆
綜合生菜		橄欖油·····················1 大匙
紫高麗·····················適量	雙果莎莎醬	研磨黑胡椒·····1/4 小匙
小黃瓜·····················1/2 根	金煌芒果·····················1 顆	研磨海鹽·····1/4 小匙
蘿蔓·····················1 顆	百香果·····················4 顆	紅酒醋·····················1 大匙
美生菜·····················1 顆	洋蔥·····················1 顆	TABASCO·····················適量

準備

* 綜合生菜（紫高麗、小黃瓜、蘿蔓、美生菜）洗淨切好備用。
* 多利魚撒上少許黑胡椒、研磨海鹽調味備用。
* 將麵包粉先以平底鍋＋蒜末，淋上橄欖油炒成金黃色，製作成黃金麵包粉。
* 製作雙果莎莎醬：將百香果挖出、芒果切丁、洋蔥切丁、番茄切丁、香菜切末、朝天椒切末、檸檬汁，再加入橄欖油、黑胡椒、鹽巴、紅酒醋以及 TABASCO 攪拌均勻備用。

做法

01 將調味好的多利魚過三關（麵粉→蛋液→黃金麵包粉）放在烤架上，放入水波爐設置 **NO57 炸豬排自動行程**（視上色程度調頭）。

02 取盤子將綜合生菜鋪底，再擺上出爐的酥炸魚排。

03 淋上調製好的雙果莎莎醬擺上即完成。

* 怕辣的，可以省略朝天椒。
* 莎莎醬的調製，可以依照個人口味做調整。若怕莎莎醬過稀，可將番茄籽挖掉後，再切丁。

烤盤位置｜上層　儲水盒水位｜0

雪花鹽焗蝦

水波爐設置｜烤箱功能（オーブン），200℃預熱 → 烤箱功能 8 分鐘

作者｜Coco Chen

材料（2～3人份）

冷凍白蝦 ·················· 8 隻
鹽 ·················· 300g ～ 500g

準備

• 白蝦退冰洗淨，稍微擦乾表面水分。

做法

01　在烤鍋中鋪上一層鹽，蓋過鍋底即可。

02　將白蝦一隻隻整齊地排放在鋪滿鹽的鐵鍋（或陶鍋）中，上面再撒上薄薄的一層鹽。

03　烤箱功能，200℃預熱完成後，入爐，放水波爐上層，烤約 8 分鐘即完成。

SHARP
AX-XP100

檸檬奶油白酒蒸蛤蜊

水波爐設置 | 手動加熱 → 蒸し物 → 10 分鐘

作者 | Grace Chen

材料（2～4人份）

蛤蜊	1 斤
蒜	3 瓣
無鹽奶油	10g
白酒	60 ml
鹽	適量（可省略）
檸檬	1/4 顆
辣椒	1/2 根
香菜	1 把

準備

• 蛤蜊泡鹽水吐沙洗淨。

• 蒜頭去皮切片、辣椒切片、香菜摘下葉子備用。

做法

01　取一深盤，放入蒜片、蛤蜊、少量鹽，在上面放上一塊奶油，淋上白酒後，放入水波爐。

02　入爐，**手動加熱 → 蒸し物 → 10 分鐘**，至蛤蜊全開，即可取出。

03　上桌前，淋上檸檬汁、撒上香菜葉和辣椒即完成。

SHARP
AX-MX3

作者 | Wan Ching Cheng

烤盤位置 | **下層**　　儲水盒水位 | **1**

月亮蝦餅

水波爐設置 | **水波燒烤 20 分鐘**

材料（3～4 人份）

花枝漿	800g	蔥	4 根	醃料	
白蝦	10 尾	香菜	些許（裝飾用）	白胡椒	少許
潤餅皮	6 片	鹽	少許	米酒	少許
大頭菜	1 顆				

準備

- 白蝦去殼挑泥腸，加入少量米酒、鹽巴抓醃去腥，再將蝦肉對剖切成三塊。
- 將大頭菜切細丁，蔥切細末備用。香菜切細備用。
- 將潤餅皮用叉子在上面均勻地戳小洞。

做法

01　將花枝漿、大頭菜丁、白蝦塊和蔥末混合，加入少許鹽巴、白胡椒調味均勻（味道多寡，需視花枝漿原本的調味而定）。

02　攤開以叉子均勻戳洞的潤餅皮，再將上面的混合材料鋪平，再覆蓋上另一片戳洞後的潤餅皮，輕壓材料與潤餅皮至黏緊即可。

03　將其放上烤架，下置烤盤（承接可能掉落之碎片），置於**爐內下層，不預熱，以水波燒烤行程 20 分鐘**（15 分鐘時，請視潤餅皮的變色程度進行掉頭）。

04　燒烤完畢，將切細的香菜鋪於蝦餅之上，即完成。

　若因季節性，無法購得大頭菜，也可以使用荸薺來取代。

SHAPP
AX-XP100

作者 | Grace Chen

烤盤位置 | 上層   儲水盒水位 | 2

鮮蝦豆腐煲

水波爐設置 | **手動加熱 → 蒸し物 →15 分鐘**

材料

白蝦	12 隻	青蔥	1 支
鮮嫩豆腐	1 盒	香油	少許
蒸魚醬油	1 大匙	冰塊	適量

準備

- 蝦子洗淨,剪蝦鬚、去腸泥備用。
- 豆腐切成塊狀。
- 準備一碗冰塊水,將蔥切長段,用刀背壓扁,再用刀子把蔥切細絲,立刻放進冰塊水中浸泡,蔥絲便會捲曲。

做法

01　取一盤子,將豆腐平鋪排在盤中。將蝦子依序排在豆腐上,淋上蒸魚醬油。

02　入爐,**手動加熱 → 蒸し物 →15 分鐘**。

03　蒸好後,取出盤子,放上蔥絲;燒熱平底鍋,倒入香油加熱,油熱後,淋在蔥絲上帶出蔥香,即完成。

Panasonic
NN-BS1000

烤盤位置｜上層　　儲水盒水位｜0

低油風味排骨酥

水波爐設置｜行程 202 炸豬排模式 16 分鐘 → 取出翻面 10 分鐘

作者｜劉恩妘

材料（4 人份）

排骨（小肉排）…………600g

醃料

醬油膏 …………… 1 大匙
米酒………………… 1 大匙
五香粉 …………… 1/4 小匙

肉桂粉 …………1/4 小匙
蒜頭………………… 1 顆
糖 ………………… 1 小匙
地瓜粉 …………… 2 大匙

準備

- 將蒜頭拍碎（或磨成泥）備用。
- 排骨洗淨後，放入所有醃料醃漬一晚以上。

做法

01 將醃好的排骨粉均勻地裹上地瓜粉。

02 放置在雙面烤盤上，待表面返潮後，使用**編號 #202 炸豬排模式 4 人份火力強**，待行程跑完後，把排骨一一翻面，再加熱 10 分鐘即可。

排骨酥麵　水波爐設置｜**200℃烘烤預熱 7 分鐘 → 200℃烘烤模式 120 分鐘**

材料（3 碗）

排骨酥…………………… 1 份
水 …………………… 1000ml
油麵…………………… 600g
青菜………………………1 把
香菜…………………… 少許

調味料

蒜頭………………… 數顆
鹽………………………1 小匙
肉桂粉 …………1/2 小匙
胡椒粉 …………… 少許

做法

01 烤箱預熱 200℃。
02 準備耐高溫可烘烤鍋具倒入水燒開，放入排骨及調味料。
03 鐵盤放置水波爐下層，排骨湯鍋放在鐵盤上，以烤箱模式烘烤 120 分鐘，直至排骨軟化。
04 另煮開一鍋水，將油麵稍微燙軟，然後放入青菜汆燙後，取出備用。
05 取空碗，放入油麵、青菜，加入一勺排骨高湯及排骨，再撒上些香菜。

Panasonic
NN-BS1000

烤盤位置｜**中層**　　儲水盒水位｜**0**

椒鹽肋排

燒烤模式 **30 分鐘**

作者｜**劉恩妘**

材料（3 人份）

豬肋排⋯⋯⋯3 隻（約 600g）

蔥⋯⋯⋯⋯⋯⋯⋯⋯⋯⋯1 根

薑⋯⋯⋯⋯⋯⋯⋯⋯⋯⋯數片

米酒⋯⋯⋯⋯⋯⋯⋯⋯1 大匙

加州風味鹽⋯⋯⋯⋯⋯1 大匙

準備

• 肋排與拍扁的蔥段、薑片及米酒一起醃約 30 分鐘。

做法

01　肋排表面均勻撒上加州風味鹽，放上雙面烤盤，**手動燒烤 30 分鐘**即可。

TIPS　肋排肉層較厚時，可翻面再加熱 10 分鐘，以確保熟透。

烤盤位置 | **中層**　　儲水盒水位 | 0

Panasonic
NN-BS1000

沙茶咖哩肋排

水波爐設置 | **燒烤模式 30 分鐘**

作者：劉恩妏

材料（3 人份）

豬肋排	3 隻（約 600g）
蔥	1 根
薑	數片
米酒	1 匙

醃料

沙茶醬	1 大匙
咖哩粉	1 大匙
糖	1/4 匙

準備

- 蔥切長段，拍扁出味，薑切片後跟米酒拌勻，與肋排一起放入冰箱冷藏醃約 30 分鐘，以去除腥味。
- 取出肋排後，加入醃料醃 1 小時以上。

做法

01　將肋排放置雙面烤盤上，選擇**手動燒烤雙面 30 分鐘**即完成。

TIPS　肋排肉層較厚時，可翻面再加熱 10 分鐘。

119

作者 | Grace Chen

烤盤位置 | **下層**　儲水盒水位 | **0**

香烤豬排

水波爐設置 | **手動加熱 → 燒烤模式 → 10 分鐘**

材料（2 人份）

豬梅花薄排⋯⋯⋯⋯⋯2 片	**醃料**	糖⋯⋯⋯⋯⋯⋯⋯⋯1 小匙
（每片約 160g）	醬油⋯⋯⋯⋯⋯⋯2 大匙	白胡椒粉⋯⋯⋯1/2 小匙
玉米粉⋯⋯⋯⋯⋯⋯適量	米酒⋯⋯⋯⋯⋯⋯1 大匙	小茴香粉⋯⋯⋯1/2 小匙
	味醂⋯⋯⋯⋯⋯⋯1 小匙	（若無則省略）
	蒜頭⋯⋯⋯⋯⋯⋯1 瓣	

準備

- 蒜頭去皮，切碎備用。
- 用肉槌將梅花薄排均勻，一一敲打拍斷肉筋。
- 取一深碗，放入薄排，依序加入醃料，抓拌均勻，放入冰箱冷藏醃漬一晚（或至少 4 小時）。
- 烹調前 30 分鐘，從冰箱取出肉排回溫。

做法

01　將肉排兩面均勻沾裹玉米粉後，靜置讓玉米粉返潮。

02　入爐，**手動加熱 → 燒烤模式 → 烤 10 分鐘**即可出爐。

121

HITACHI
MRO-RS7

烤盤位置｜無　　儲水盒水位｜0

紅燜獅子頭

水波爐設置｜自動行程 18 馬鈴薯燉肉模式 → 火力中 →
少人數，運行 40 分鐘後續燜 1 小時

作者丨**莊鴻**

材料（4顆）

肉餡

豬五花絞肉··········250g

薑·······················9g

雞蛋液··············30g

荸薺（馬蹄）·········60g

蔥······················15g

肉餡調味料

鹽·······················3g

糖·····················6.5g

太白粉··············6.5g

味醂·····················7g

湯汁

醬油··················60g

月桂葉···············1片

八角··················1顆

糖······················7g

熱開水············適量

準備

• 荸薺切成碎丁，生薑切末，蔥切蔥花。

做法

01 將肉餡部分所有材料裝入攪拌盆，用筷子順著一個方向攪拌至黏稠。

02 取一容器（帶蓋且可微波），加入湯汁部分的材料，開水先加至容器的一半。

03 取大約四分之一的肉餡，左右手像拋球一樣的快速甩拋肉餡，肉餡就會慢慢地變成紮實的肉圓，將肉圓輕輕放入湯汁中，再依上述方法完成其他4顆肉圓，並一一放入湯汁中。

04 將容器加蓋放入水波爐底板中央，執行**自動行程18馬鈴薯燉肉模式 ➔ 火力中 ➔ 少人數，運行40分鐘後，不打開續燜1小時。**

• 五花絞肉要買粗粒的肉丁而非肉末，太細，煮出來的口感不好。

• 肉餡攪拌的時候要耐心，多攪拌一會兒才不會散，吃起來也更加好吃。

• 肉圓不是搓出來的，而是左右手輕柔快速地拋甩而成。

• 荸薺不要用攪拌機打碎，以免出水並失去爽脆口感。

SHARP
AX-XP100

作者 | **Grace Chen**

烤盤位置 | **下層**　　儲水盒水位 | **0**

紙包茴香籽烤腰內肉

水波爐設置 | **手動加熱 → 烤箱模式 → 預熱 →200℃ 15 分鐘**

材料（4 人份）

腰內肉	300g	蒜頭	2 顆
橄欖油	1/2 小匙	茴香籽	1/2 小匙
鹽	1/2 小匙	烘焙紙	2 張
乾辣椒	1 支（可不放）		

準備

- 腰內肉切片成約 0.5cm 的厚度（一般燒烤肉片的厚度，也可在購買時，請肉販幫忙處理）。
- 蒜頭拍碎、乾辣椒切小段、青蔥切珠備用。

做法

01　將腰內肉片、橄欖油、鹽、蒜頭、乾辣椒、茴香籽放在調理碗中拌勻。

02　取一張烘焙紙，依序排列放上腰內肉片。排好後，再取另一張烘焙紙蓋在上方，將兩張烘焙紙的四角摺捲起來，使之密合。

03　入爐，**手動加熱的烤箱模式，預熱 200℃ 烤 15 分鐘。**

04　出爐後，試一下味道，再依口味加鹽調味。撒些青蔥花、磨點黑胡椒即完成。

SHARP
AX-MX3

作者 | **Wan Ching Cheng**

烤盤位置 | **下層**　　儲水盒水位 | **1**

可樂果起司炸豬排

水波爐設置 | **水波燒烤 20 分鐘**

材料（4～5人份）

豬里肌肉片（蝴蝶片）··4 片	雞蛋·······················2 顆
可樂果（原味）···········2 包	起司片··················3～4 片
麵粉·····················50g	高麗菜絲（裝飾用）·····適量

調味料

米酒·······················少許
胡椒粉 ···················少許
鹽·························少許
番茄醬 ················3 大匙

準備

- 將蝴蝶里肌肉片拍開，加入米酒、鹽、胡椒粉適度抓醃備用。
- 以密封袋裝入可樂果，再以**擀麵棍**壓碎（喜歡酥脆口感可以酌量輕壓，使其保留較大碎片體積）。
- 高麗菜切細絲後，泡水冰鎮備用。

做法

01　在里肌肉片上下面均勻拍上麵粉，夾入起司片，兩面沾取蛋液，再沾上可樂果碎片。

02　將其放上烤架，下置烤盤（承接可能掉落之碎片），置於爐內下層，不預熱，**以水波燒烤行程 20 分鐘**（15 分鐘時，請視實際肉片體積進行掉頭）。

03　燒烤完畢，切長條狀鋪於高麗菜絲，佐以適量的番茄醬即完成。

SHARP
xp200

越南風味薄荷魚露圓肉片

弱蒸 80℃ 45 分鐘　　延長 10 分鐘　　延長 3 次，共延長 30 分鐘

作者｜**令意**

材料（4 人份）

後腿豬腱肉（俗稱老鼠肉）
　　　　　　　　　　1 整條
番茄　　　　　　　　1/2 顆
薄荷　　　　　　　　　適量
九層塔　　　　　　　　適量

淋醬

蒜頭　　　　　　　　　2 瓣
魚露　　　　　　　　2 大匙
檸檬汁　　　　　　　2 大匙
砂糖　　　　　　　　2 大匙
辣椒粉　　　　　　　　少許

準備

- 豬腱肉洗淨，將表面的多餘的肥肉和軟筋整理乾淨。
- 番茄、薄荷葉和九層塔洗淨瀝乾，番茄切小丁，薄荷和九層塔切碎。
- 蒜頭剝皮切細末，檸檬榨汁備用。

做法

01　將豬肉放進有深度的耐熱容器內。

02　把 01 放入**水波爐上層，用 80℃ 弱蒸 45 分鐘，再延長約 30 分鐘。**

03　用竹籤刺進豬肉中央測試，如果流出來的湯汁是清澈透明即可。

04　豬肉煮熟後，放進冰箱冷藏 1 小時以上。

05　製作淋醬。蒜頭末和魚露、檸檬汁、砂糖、辣椒粉拌勻（怕辣可以不加辣椒粉）。

06　豬腱肉切薄片排盤，撒上番茄丁、薄荷和九層塔，搭配淋醬食用。

 煮熟的豬肉可用密封容器冷藏，但請於 3 天內食用完以保新鮮。

SHARP
AX XP100

作者｜吳明石

白斬全雞

水波爐設置｜強蒸功能鍵 → 30 分鐘，出爐後視熟度延長

材料（4 人份）

玉米雞（母）⋯⋯⋯⋯⋯ 1 隻
（約 1900g）
烤肉醬 ⋯⋯⋯⋯⋯⋯⋯⋯ 20g

滷水
　水 ⋯⋯⋯⋯⋯⋯⋯⋯⋯ 300g
　鹽 ⋯⋯⋯⋯⋯⋯⋯⋯⋯ 18g

準備

- 玉米雞去除內臟清洗乾淨，同時在兩腳腳踝前後處各割一刀，將腳筋割斷。
- 用針筒將滷水由雞胸前端注入，兩邊雞胸各 70g，再由腳踝處沿著腿骨注入兩腿各 30g。餘下 100g 滷水倒入腹內。雞胸朝下，靜置冷藏室 24 小時。（每 2 小時翻轉雞隻，使各部位充分醃製）。若沒有專用針筒，可放置於深鍋中醃製。

做法

01　將雞置於洞洞蒸盤上，雞頭朝外，下面放置不鏽鋼烤盤，接滴落的水。

02　用 **強蒸功能蒸 30 分鐘**，取出後，用探針溫度計由腳踝處深入雞腿量測溫度，（針尖切勿碰到腿骨），若溫度為 68℃，即表示已熟（如果一邊雞腿溫度未達 68℃，可將雞隻轉為橫置，未達溫度一側朝內），延長行程 10 分鐘後出爐。

當水波爐提醒剩下 10 秒時，請隨侍在旁，倒數來到剩下 1～2 秒時，打開爐門，讓時間停留在 1～2 秒處，此方法的好處是取出雞隻要測量溫度時，即使時間稍微延遲，機器並不會自動關機。需要延長時間時，只要再將雞隻置入，按啟動鍵，待倒數歸零後，再按延長鍵即可。

作者 | 申士芳

南洋叢林雞

水波爐設置｜**手動模式 → 蒸煮 20 分鐘**

材料（4 人份）

放山雞去骨雞腿……………1 支	花生………………………些許	米酒………………………1 大匙
小黃瓜……………………2 條	蘿蔓萵苣…………………1 片	烏醋………………………2 大匙
蒜頭………………………4 瓣		花椒辣油…………………2 大匙
蔥…………………………5 根	**調味料**	香油………………………1 小匙
洋蔥……………………1/2 顆	鹽………………………1/2 小匙	醬油………………………1 大匙
辣椒……………………2 小條	胡椒粉…………………1/2 小匙	糖…………………………1 大匙
薑………………………1 小塊	魚露………………………1 大匙	檸檬汁…………………1/2 顆
香菜………………………3 顆		

準備

- 先將材料洗淨後，2 根蔥切段、薑切片。
- 雞腿洗淨擦乾後，抹上鹽、胡椒，稍加按摩。
- 洋蔥切成細絲後，泡冰塊開水備用。
- 蒜、辣椒與香菜切成細末，薑磨成泥，小黃瓜切片。

做法

01　將按摩後的雞腿先過熱水 30 秒後，淋上米酒、擺上蔥段及薑片放入水波爐，選擇**手動模式，蒸煮 20 分鐘**。

02　取出後，將蒸熟的雞腿泡入冰塊水中。

03　把辣椒末、香菜末、蒜末、薑泥、烏醋、醬油、糖、檸檬汁、香油、花椒辣油及魚露混合在一起，調製成醬汁。

04　取一空盤，將切片的小黃瓜、蘿蔓萵苣及洋蔥絲鋪在底，擺上切片的雞腿肉後，淋上調製的醬汁。最後，撒上花生碎裝飾即可。

作者｜KiKi Liang

烤盤位置｜**下層**　儲水盒水位｜**0**

椰香綠咖哩雞

水波爐設置｜**微波 600W 加熱 5 分鐘 → 料理集 → 番號 →267 決定 →3 人分以上，46 分鐘**

材料（3 人份）

馬鈴薯	2 顆	秋葵	5 根	**調味料**	
紅蘿蔔	1/2 條	鴻喜菇	1 包	綠咖哩粉	15g
洋蔥	1/2 顆	去骨雞腿	1 片	魚露	10ml
茄子	1 條	九層塔	少許	椰漿	1 罐 400ml
玉米筍	5 根				

準備

- 將食材洗淨，馬鈴薯及紅蘿蔔去皮切塊、洋蔥切丁、茄子對切切塊、玉米筍斜切切段、秋葵切去蒂把切段、鴻喜菇剝成適當大小備用。
- 去骨雞腿片切塊。

做法

01　將椰漿、水及綠咖哩粉倒入鍋中，以**微波 600W 加熱 5 分鐘**，取出後，將綠咖哩醬攪拌混合。

02　將食材及魚露放進 01 的綠咖哩醬中，攪拌食材及綠咖哩醬後，將鍋子放入水波爐中，選擇**水波爐行程 → 料理集 → 番號 →267 決定 →3 人分以上**（不需放水箱），預計烹調 46 分，中間可以暫停，將食材拌一拌，讓食材與綠咖哩醬充分融合。

03　倒數 5 分鐘時，將水波爐暫停，把九層塔放入攪拌後，再啟動，待水波爐聲音響起，美味的綠咖哩雞即可上桌。

作者｜Yuuli Wu

烤盤位置｜**上層**　儲水盒水位｜**2**

栗子燒雞

水波爐設置｜**內建烤雞排模式—淡色 → 手動模式燉煮 30 分鐘**

材料（4 人份）

帶骨雞腿切塊	600g
香菇	10 朵
去殼熟栗子	10 顆
蔥	2 隻
薑	6 片
蒜	6 瓣
辣椒	1 支（可省略）

調味料

醬油	3 大匙
蠔油	1 大匙
米酒	1 大匙
糖	1/2 大匙
白胡椒粉	適量

準備

- 栗子烤熟或蒸熟後，去殼。
- 乾香菇泡發後，對半切或切花（小朵的就整朵不用切）。
- 蒜頭去皮、蔥切段、薑切片、辣椒切小段。

做法

01　將蔥白、薑、蒜與雞腿切塊平鋪於烤盤中，使用**內建烤雞排模式**。

02　下調味料拌勻後，蓋上鋁箔紙，使用**燉煮模式 30 分鐘**。

03　行程結束前 5 分鐘，放入蔥綠，不蓋鋁箔跑完行程。

　若想要上色更明顯，不妨再延長 10 分鐘。

SHARP
AX-XP200

南法 Dijon 奶油芥末雞

水波爐設置 | 二段式手動烘烤 200℃，10+20 分

材料（2 人份）

去骨雞腿肉	1 隻	新鮮荷蘭芹	50g
新鮮磨菇	150g	新鮮迷迭香	2 支
紅洋蔥	1/4 顆	雞高湯	50g
Dijon 有籽芥末醬	1 大匙	鮮奶油	50g
Dijon 芥末醬	1 大匙	奶油	20g
白酒	100g	中筋麵粉	100g

調味料

鹽 .... 些許
黑胡椒 .... 些許

準備

- 在雞腿上撒鹽和黑胡椒後，雙面沾上麵粉備用。
- 將雞腿用平底鍋微煎至表面金黃備用。
- 將磨菇切半，紅洋蔥、荷蘭芹切碎。

做法

01 取一烤盤將奶油、磨菇與紅洋蔥、平鋪於烤盤上。

02 將 01 放入水波爐中，第一段烘烤 200℃ 10 分。

03 取出後，加入荷蘭芹、白酒、雞高湯與兩種芥末醬。

04 將煎至金黃的雞腿放置在中間，放上迷迭香。

05 將 04 放入水波爐中，第二段烘烤 200℃ 20 分。

烤盤位置│**下層**　儲水盒水位│**2**

安東燉雞

水波爐設置│**手動燉煮模式 30 分鐘**

140

作者｜Yuuli Wu

材料（4人份）

帶骨雞腿切塊…………600g	蒜頭…………………4瓣	米酒………………4大匙
洋蔥…………………1顆	韓國冬粉……………100g	韓國辣椒粉………2小匙
紅蘿蔔………………1根	水……………………800ml	韓國芝麻油………2大匙
馬鈴薯………………2顆		糖…………………1大匙
小黃瓜………………1根	**調味料**	鹽…………………1小匙
青蔥…………………2支	韓國辣椒醬………4大匙	蜂蜜………………1小匙
辣椒…………………1支	醬油………………4大匙	白胡椒粉……………適量

準備

- 韓國冬粉泡水備用（大約泡30分鐘以上才會變軟，請提早作業）。
- 紅蘿蔔、馬鈴薯洗淨削皮。
- 洋蔥切塊、小黃瓜切片。
- 蔥切段、蒜頭切末、辣椒切段。
- 調味料全部放入一個大碗，調製好備用。

做法

01　將800ml的水倒入鍋中，與薑片一同煮滾。

02　將雞肉、蔥白加入後，以中火煮10分鐘。

03　加入洋蔥、紅蘿蔔、馬鈴薯、辣椒以及調味料，再次煮滾。

04　整鍋蓋上鋁箔紙包好，放入水波爐使用**燉煮模式20分**。

05　取出後，放入泡軟的冬粉以及蔥綠，蓋上鋁箔紙，放回水波爐續煮5分鐘。

06　出爐後，攪拌均勻即完成。

- 韓國冬粉很會吸水，因此，不要等到煮到太乾時才放冬粉。
- 一般燉煮料理都會先煎或炒過肉類、蔬菜再一起煮，而正統傳統韓國安東燉雞就是直接水煮式的。不需要擔心肉太老，吃起來可是十分入味哦。

141

SHARP
AX-XP200

香料鮮奶油嫩雞柳

水波爐設置｜手動行程燒烤 → 預熱 → 燒烤 14 分 → 出爐
調換食材位置 → 燒烤 4 分鐘

作者 | 令意

材料（4 人份）

雞里肌肉	300g
鴻禧菇	10 幾朵（約半包）
紅甜椒	1/3 個
黃甜椒	1/3 個
青花椰菜	約 1/4 顆
鮮奶油	50g
迷迭香	4 ～ 5 枝

醃料

鹽	1/2 小匙
法式香料	1/2 小匙
黑胡椒粒	少許

調味料

鹽	1/4 小匙
法式香料	1/4 小匙
蒜頭細末	1/2 小匙

準備

- 雞里肌肉洗乾淨，雞里肌圓端有條白筋，用菜刀貼著肉筋，前後小幅鋸切往右移，手指捏著肉筋往左拉除去肉筋。（不介意有肉筋，可將露出雞肉外面的筋切掉即可）
- 烤盤塗上奶油，雞里肌肉兩面均勻撒上醃料，排在烤盤裡。放進冰箱冷藏，至少醃 1 小時以上。
- 蔬菜類洗乾淨，青花椰菜洗淨去皮，鴻喜菇待要使用再快速漂洗即可。
- 冷藏雞肉先拿出來回溫 15 分鐘，將紅、黃甜椒切大塊，青花椰菜切小朵。

做法

01　雞里肌肉上面先放迷迭香，再鋪上鴻喜菇、紅、黃甜椒和青花椰菜。

02　均勻撒上調味料，倒入鮮奶油，用錫箔紙封好，放進水波爐上層，設定**燒烤 18 分鐘**。

03　剩 4 分鐘時取出烤盤，拿掉錫箔紙，迅速把雞里肌移至最上面。再入爐，讓雞肉稍微烤上色。

04　出爐後，將雞肉和蔬菜稍拌一下即可。

TIPS

拿掉錫箔紙燒烤，會讓雞肉較有咬勁，想吃柔軟的，不要拿掉錫箔紙，直接燒烤 20 分鐘。

SHARP
AX-PX3

烤盤位置｜中層　儲水盒水位｜2

泰式椒麻雞

水波爐設置｜使用炸雞塊自動行程，選 1 ～ 2 人份

作者 | Yiting Hsu

材料（1～2人份）

去骨雞腿排 ················ 1 隻
高麗菜 ····················· 適量
日式炸雞粉 ··············· 適量
（足夠整塊雞腿排沾滿即可）

調味料

香菜 ······················· 4 株
蒜頭 ······················· 8 粒
紅辣椒 ····················· 4 條
檸檬汁 ··················· 3 大匙
糖 ························· 2 大匙
鹽 ·························· 少許
魚露 ····················· 3 大匙

醃料

蒜頭 ······················· 6 辦
醬油 ····················· 1 大匙
米酒 ····················· 1 大匙

準備

- 高麗菜洗淨後切細絲備用。
- 拿樂扣（或塑膠袋）放入去骨雞腿排，倒入醃料（蒜頭拍碎）
  搓一搓，稍微醃一下，再倒入日式炸雞粉搓勻（雞腿排每
  片兩面均勻沾附即可）。
- 香菜、大蒜和紅辣椒切碎，然後加入檸檬汁、糖、鹽、魚露，
  攪拌均勻備用。

做法

01 取出原廠烤盤墊上烤布，再架上烤架，把醃好的去骨雞腿排放上去。

02 放入水波爐，使用**炸雞塊自動行程**，選 1 ～ 2 人份，視上色情況調頭。

03 高麗菜絲用冰塊加水浸泡後，取出瀝乾放於盤中。

04 出爐後的雞腿排切塊擺高麗菜絲上，再淋上攪拌均勻的調味料即可上桌。

 炸雞腿排的同時建議可放蔬菜於盤中，炸的同時雞油會滴到蔬菜上，跟雞腿排出爐
稍加工後，又是另一道菜。例如擺上四季豆，出爐後便可再加工成蝦醬四季豆。

SHARP
AX-XP100

作者｜**申士芳**

烤盤位置｜**上層**　儲水盒水位｜**0**

蒜香清涼薄荷雞

水波爐設置｜**烤箱模式** → **預熱 200℃** → **烤 30 分鐘** → **烤 15 分鐘**

材料（2 人份）

放山雞去骨雞腿…………1 隻	**調味料**	**醃料**
薄荷葉…………………1 斤	鹽………………1/2 小匙	鹽………………1/2 小匙
蒜頭…………………1 大顆	胡椒粉…………1/2 小匙	胡椒粉…………1/2 小匙
老薑…………………1 塊	苦茶油……………1 大匙	米酒………………1 大匙
小番茄………………數顆	麻油………………1 大匙	
蝶豆花………………2 朵		

準備

* 將所有材料洗淨，老薑切成薄片狀，蒜切成末。
* 將去骨雞腿斷筋後，抹上鹽、胡椒粉與米酒醃 20 分鐘。

做法

01　平底鍋熱鍋後，雞皮面朝下入鍋，用小火乾煎勿翻動，直到雞皮定型。

02　鍋中先用苦茶油，將老薑煎乾後，加入蒜末、薄荷葉、麻油、鹽及胡椒粉，拌炒至軟即可（勿炒太久，薄荷葉會變苦）。

03　取一鋁箔紙將雞腿放入，將炒過薄荷葉（取一半的量）鋪滿雞腿上下後包起來。入水波爐，選擇**烤箱模式**，**預熱 200℃後**，**先烤 30 分鐘**。

04　30 分鐘後，打開鋁箔紙，**再烤 15 分鐘**，將雞皮烤乾並上色。

05　烤至金黃酥脆的雞腿出爐後，搭配炒過的剩餘薄荷葉。

06　最後，裝飾新鮮薄荷、蝶豆花及小番茄即完成。

SHARP
AX-SP1

烤盤位置｜下層　儲水盒水位｜2

紅酒燉牛肉

烤箱模式預熱 220℃ → 內建模式 - 燉牛肉

（或手動選燉煮模式）1.5 個小時

作者 | Yuuli Wu

材料（4人份）

牛腩	1斤	蒜頭	6瓣
洋蔥	2顆	牛番茄	2個
紅蘿蔔	1條	番茄糊	3大匙
西洋芹	3～4支	麵粉	適量
蘑菇	15個		

調味料

紅酒	350ml
鹽	適量
黑胡椒	適量
月桂葉	2片
百里香	1小把
（乾燥的也可以）	

準備

- 牛肉切塊、洋蔥紅蘿蔔切塊、西洋芹切段、蘑菇切半、牛番茄去皮切塊、蒜頭切片

做法

01　牛肉切塊後，兩面拍上麵粉，熱兩大匙油將牛肉兩面略煎後，取出備用。

02　同鍋將洋蔥炒軟後，入紅蘿蔔、西洋芹、蒜頭炒香。

03　接著，入牛番茄塊及番茄糊。番茄變軟後，上面鋪上牛肉，並均勻撒上麵粉後，送進水波爐烤10分鐘。

04　取出後，倒入紅酒及水（全紅酒也可以），蓋過食材即可。再放入月桂葉、百里香後，煮滾。

05　用錫箔紙當鍋蓋包好，放回水波爐，以內建燉牛肉模式跑完行程，中途可取出攪拌。行程結束前20分鐘，將蘑菇放入鍋內一起煮。

06　出爐後，以鹽、黑胡椒調味即可。

・ 紅酒不需要買太貴的，喝起來順口喜歡的就可以。
・ 煮好之後，放到隔天熟成後，更美味。

甜菜根泥 | 烤盤位置 | 上層 | 儲水盒水位 | 2

烤羊小排 | 烤盤位置 | 下層 | 儲水盒水位 | 0

迷迭香烤羊小排佐甜菜根泥

水波爐設置 |

甜菜根泥：メニュ（菜單）－選擇 → メニュ（菜單）－檢索 → メニュ（菜單）－番号 → 52（蒸し根菜）

烤羊小排：手動 → 一般烘烤模式 220℃ 預熱 → 預熱後 → 210℃ 烤 22 分鐘

作者｜ **Wia Liu**

材料（2 人份）

法式羊小排（羊架）‥‥450g

開心果‥‥‥‥‥‥5 ～ 10g

甜菜根泥

　甜菜根 ‥‥‥‥‥‥200g

　液態鮮奶油‥‥‥‥30ml

奶油‥‥‥‥‥‥‥‥‥‥ 10g

鹽‥‥‥‥‥‥‥‥‥‥‥1 小撮

胡椒‥‥‥‥‥‥‥‥‥‥1 小撮

醃料

　迷迭香‥‥‥‥‥‥‥2 支

鹽‥‥‥‥‥‥‥‥‥‥‥2 小撮

胡椒‥‥‥‥‥‥‥‥‥‥2 小撮

白葡萄酒醋‥‥‥‥‥45ml

白酒‥‥‥‥‥‥‥‥‥‥50ml

（或威士忌 25ml）

橄欖油‥‥‥‥‥‥‥‥20ml

準備

- 將羊小排跟醃料混合，醃 30 分鐘以上。
- 甜菜根切片，開心果粗略地切碎。

做法

01　將切片的甜菜根平鋪在烤盤上，放入水波爐內。水波爐自動菜單選擇檢索後，**選擇番號，輸入 52，選擇蒸根菜模式**。行程跑完後，將甜菜根拿出放涼。

02　將醃漬過的羊排取出，用廚房紙巾擦乾。取平底鍋用大火將小羊排上下平均各煎 3 到 4 分鐘，煎到上色以及封住肉汁。

03　水波爐手動設定，選擇**一般烘烤，預熱 220℃**。

04　將羊小排連鍋一起放進水波爐，選擇**一般烘烤 210℃ 烤 22 分鐘**。

05　將放涼的甜菜根加入鮮奶油，用調理機打成泥狀後，取一小鍋加入奶油後，加熱，以鹽胡椒調味，並攪拌至滑順狀態。

06　行程跑完取出羊小排後靜置 5 分鐘。

07　將羊小排切片，依序將甜菜根泥、羊小排擺盤，再放上迷迭香以及切碎的開心果裝飾。

SHARP
AX-XP200

烤盤位置 | 上層　　儲水盒水位 | 2

低溫舒肥鴨胸佐莓果醬汁

水波爐設置 | 手動 → 低溫蒸煮 → 設定 70℃ 蒸 35 分鐘

作者 | Wia Liu

材料（1 人份）

舒肥鴨胸

鴨胸	200g（1 塊）
生菜	1 把
柳橙果肉	約 1/2 顆

莓果醬汁

黑莓（或藍莓）	20 顆
白酒（或威士忌）	1 大匙
巴薩米克醋	1 小匙
糖	2 大匙
鹽	1 小撮

醃料

奶油	10g
迷迭香	1 支
鹽	2 小撮
胡椒	2 小撮

準備

- 鴨胸帶皮表面用刀輕劃出格子狀紋路，儘量不要切到鴨肉本身。
- 鴨胸兩面均勻抹上鹽與胡椒。
- 將鴨胸、迷迭香與奶油放進密封袋，若有真空機則抽真空；若無，則儘量將空氣壓出。

做法

01 將裝了鴨胸的密封袋放進裝有 60℃ 溫水的深盤中，盤中水的高度要高於密封袋。

02 水波爐設定**手動 → 低溫蒸煮 → 設定 70℃ 蒸 35 分鐘**。將深盤放進水波爐中，執行蒸煮。

03 製作莓果醬汁。取把小鍋混合莓果、鹽和糖，用中小火煮滾後，再用小火煮 8 分鐘，加入酒醋跟白酒，關火。

04 水波爐行程結束後，取出鴨胸。

05 將鴨胸帶皮面放進平底鍋，用大火雙面各煎 2 分鐘左右，讓鴨胸上色。

06 將鴨胸對切擺盤，再擺上生菜、柳橙肉裝飾，最後淋上莓果醬汁。

SHARP
AX-XP200

涼補醬燒雞

功效 | 夏日安神、滋陰、補氣、生津、平肝、明目

Column 水波爐也可以燉出美味藥膳

夏日天氣熱，常容易產生疲倦感，更別提在烈日奔波下的人，中暑的情況時有所聞。大家可能會想說是不是身體虛，需要進補，但在冬天常吃的補品往往過於溫燥，若在夏天服用，容易口乾舌燥、便秘、甚至會睡不著。若想進補，此時不宜選擇太溫燥之藥材，應該要捨溫補而選擇涼補。

我們可以利用菊花疏散風熱、平肝明目，紅棗補中益氣、養血安神，枸杞子養肝明目，百合養陰潤肺、清心安神，黃耆補氣益表，當歸補血活血，麥門冬養陰潤肺、益胃生津，生地黃清熱養陰生津，炙甘草益氣補中、調和藥性。

上述涼補藥材皆可在夏日服用，可以清熱、滋陰、補氣、生津，改善暑熱、口眼乾燥、失眠等症狀，若有風濕免疫性疾病之患者，如乾燥症、修格蘭氏症、紅斑性狼瘡及類風濕關節炎等疾病，也可服用此涼補藥材。

作者| 臺北榮民總醫院傳統醫學部
張清賢主治醫師

振興醫院中醫科
施柏瑄主治醫師

材料

中藥材

菊花	20 朵	當歸	3 錢
紅棗	8 錢	麥門冬	5 錢
枸杞子	1 兩	生地黃	5 錢
百合	1 兩	炙甘草	5 錢
黃耆	3 錢		

食材

雞	1/2 隻
（去頭腳，切塊）	

做法

01　菊花除去雜質，花柄，待用。紅棗洗淨去核。百合、枸杞子、麥門冬除去雜質，泡在清水中。當歸、黃耆、炙甘草、生地黃切成薄片。

02　半隻雞肉洗淨後切塊，先以醬油膏、清醬油以及白胡椒醃一小時，口味鹹淡可自行調整，醃的時間醃越久、口味越佳。

03　菊花、紅棗、百合、枸杞子、麥門冬、當歸、黃耆、炙甘草、生地黃等中藥材放置鍋裡以熱開水蓋過中藥材浸泡 1 小時。

04　將醃好的雞肉放在水波爐上層，選擇**炸行程 # 41 之 2 人份行程**，利用低高度容器盛裝浸泡的中藥汁，放置水波爐下層同時爆香，延長：「炸」**行程 # 41 之 2 人份**後，中間空檔進行處理翻面，再延長 5 分鐘。

05　將上層醃好的雞肉翻面，並將雞汁倒入下層中藥汁液裡面，讓雞汁和中藥汁繼續爆香。

06　將下層的雞隻、中藥汁與上層雞肉合併倒入同一鍋中，並選擇**手動加熱，進行煮行程 30 分鐘**。

SHARP
AX-XP100

作者 | Grace Chen

烤盤位置 | **上層**　儲水盒水位 | **0**

香料烤饅頭

水波爐設置 | **手動加熱 → 烤箱模式 → 要預熱 → 180℃ → 12 ～ 15 分鐘**

材料

饅頭	1 顆	鹽	1/4 小匙
雞蛋	1 顆	乾燥巴西利	1 小匙
牛奶	1 大匙	黑胡椒	適量
植物油	1 大匙	蒜	1 瓣

準備

- 蒜頭拍裂去皮。
- 饅頭切成約 3 ～ 4cm 的丁狀，裝入調理盆備用。

做法

01　取一小碗，打入雞蛋、倒入牛奶，將兩者用叉子混合均勻。

02　將 01 的蛋奶液倒入饅頭中，再依序加入油、鹽、乾燥巴西利、蒜頭。

03　用手抓拌，使每塊饅頭都沾裹均勻。

04　入爐，**手動加熱 → 烤箱模式 → 要預熱 → 180℃ → 烤 12 ～ 15 分鐘**，烤至表面微酥即可。

TIPS　如果當早餐食用，可以前一晚先將饅頭切好裹上蛋奶液，放冰箱冷藏，隔天早上只要取出直接放烤箱，就可以快速完成早餐囉！

SHARP
AX-XP100

作者｜**Grace Chen**

烤盤位置｜**下層**　儲水盒水位｜**0**

煙燻紅椒風味烤鷹嘴豆

水波爐設置｜**手動加熱 →　烤箱模式 →　要預熱 →200℃ →25 分鐘**

材料

鷹嘴豆罐頭 ················· 1 罐
鹽 ················· 1/4-1/2 小匙
煙燻紅椒粉 ············· 1 小匙
橄欖油 ····················· 1 小匙

準備

- 烤盤鋪上烘焙紙
- 打開鷹嘴豆罐頭，取出 200g 鷹嘴豆，並瀝乾水份備用。

做法

01　烤盤放進鷹嘴豆、鹽、煙燻紅椒粉、橄欖油，將所有料全部拌勻。

02　入爐，**手動加熱 → 烤箱模式 → 要預熱 →200℃ → 烤 25 分鐘**，烤至酥脆即可。
　　中途要開烤箱，用湯勺將豆子拌一拌。

如果沒有紅椒粉，只用鹽和橄欖油，味道也不錯哦！把紅椒粉換
成咖哩粉，就是咖哩口味的烤鷹嘴豆了。

SHARP
AX-XP100

烤盤位置｜上層　儲水盒水位｜2

古早味鹹年糕

水波爐設置｜手動加熱 → 蒸し物 → 1 ～ 1.5 小時

作者 | Grace Chen

材料

糯米粉·············1 包（500g）	**炒料**	鹽···············1/2 ～ 1 小匙
水·····················290ml	炒菜油···············1 大匙	醬油···············1 大匙
醬油···················50ml	紅蔥頭···············10 顆	
	蝦米···················30g	
醃料	乾香菇··················6 朵	
醬油···················1 大匙	豬絞肉·················200g	
米酒···················1 大匙	白胡椒··················適量	

準備

- 乾香菇用水泡軟後，切碎丁。
- 以醃料醃豬絞肉，拌勻醃漬 30 分鐘。
- 紅蔥頭、蝦米切碎。
- 燒熱一小鍋滾水（食材份量外）

做法

01　在瓦斯爐上起油鍋，加入紅蔥頭用小火炒至香酥後取出（小心別炒焦）。

02　原鍋加點油，依序放入蝦米、香菇、絞肉，每次放一種，確實炒出香氣後再加下一樣材料，全都都放入鍋中拌炒後，加白胡椒、鹽調味，再倒 1 大匙醬油炒出香氣，拌入剛炒好的紅蔥頭，熄火備用。

03　再來製作糯米麵糰，在糯米粉中加入 250ml 清水，用手搓成沙礫狀。舀出一大匙粉粒，加適量水，使之可揉成團，壓扁成粿脆，重複製作出 3 片。

04　粿脆放入滾水中煮熟後取出，加到粉粒中，再加入醬油 50ml，水 40ml，揉成光滑的麵糰。

05　加入炒料，揉入麵糰中。

06　完成的麵糰，放入鋪了烤紙的模中，麵糰表面塗一層薄薄的油，放入水波爐蒸 **1 ～ 1.5 小時**。用筷子叉入年糕測試，如果年糕熟了會成透明，即完成。

Panasonic
NN-BS1000

烤盤位置｜下層　儲水盒水位｜0

三角蔥餅

水波爐設置｜微波 600W 10 分鐘 → 烘烤
預熱雙層 7 分鐘 → 烘烤 200℃ 17 分鐘

作者｜劉恩妘

材料

芝麻 ·····················2 大匙

麵皮

　中筋麵粉 ···············600g

　糖 ··························· 60g

　乾酵母 ······················6g

　水 ···························300g

蔥餡

　蔥 ··························200g

　豬油 ························· 50g

　鹽 ···························· 10g

糖漿

　水 ························200ml

　糖 ··························· 50g

準備

- 蔥洗淨切段，和油、鹽拌勻備用。
- 取一馬克杯放入糖漿材料中的水和糖後，以 600W 微波 10 分鐘備用。

做法

01　放入麵皮的全部材料，用手揉成糰至不沾手即可，加蓋放置，醒麵約 15 分鐘。

02　將 01 的麵糰擀平，然後折成 3 折，醒 15 分鐘。

03　將 02 的麵糰擀平成長度約 35×20cm，然後捲起呈長條狀。將麵糰分割成 5 等份，每個約 195g。

04　水波爐選擇**烘烤預熱 2 層溫度選擇 200℃**。

05　小麵糰擀開成 25×12cm，在麵糰中心鋪上蔥油餡，一邊折起蓋上蔥餡，再鋪上一層蔥餡，另一邊則再蓋上蔥餡，整體呈長扁狀。

06　表面抹糖漿，撒上芝麻，斜切成呈三角型。烤箱預熱完成後，烘烤 15 ～ 17 分鐘即可。

作者 | 劉恩妘

烤盤位置 | **下層**　儲水盒水位 | **0**

蟹殼黃

水波爐設置 | 微波 **600W10 分鐘** → 烘烤預熱一層 **6 分鐘** →180℃烘烤 **17 分鐘**

材料（約 23 個）

芝麻 ······················3 大匙

麵皮

中筋麵粉 ··············300g
乾酵母 ··························3g
糖 ·····························30g
水 ···························150g

油酥

低筋麵粉 ··············150g
豬油 ························75g
鹽 ·····························3g

蔥餡

蔥 ···························200g

豬油 ···························30g
鹽 ·····························6g

糖漿

水 ···························100
糖 ·····························30g

準備

• 蔥切細末，和豬油、鹽拌勻備用。
• 油酥拌勻後，冷藏備用。
• 糖水的材料放入可微波容器，以 600W 微波 10 分鐘備用。
• 麵皮揉勻成團，加蓋，醒 15 分鐘。

做法

01　油皮分割成小團，每個約 20g，共約 23 個。

02　取出冷藏的油酥，麵皮一一擀圓，包入 10g 油酥，三桿三折（小包酥）後，醒 15 分鐘備用。

03　將麵皮兩頭稍微對壓，擀平成略圓狀，醒 15 分鐘。然後一一包入蔥餡，再把底部壓緊。

04　在包好的麵糰表面抹上糖漿，沾些芝麻，水波爐選擇**手動烘烤預熱 180℃**。

05　放入已預熱完成水波爐，**烘烤約 15 ～ 18 分鐘**即可。

作者｜莊子瑩

烤盤位置｜上層　　儲水盒水位｜2

港式蝦仁腸粉

水波爐設置｜**手動加熱 →** ソフト蒸し **→95℃**

材料

生白蝦 ················· 4 尾	油 ·················· 少許	甜醬油
在來米粉 ··············· 40g	清水 ················· 150g	醬油 ················· 20ml
太白粉 ················· 10g		冰糖 ················· 10g
玉米粉 ·················· 5g	**醃料**	清水 ················· 20ml
木薯粉 ·················· 5g	鹽 ·················· 少許	
鹽 ··················· 少許	米酒 ················· 少許	

準備

- 把上述材料粉類、油、鹽、水倒入大碗中,攪拌均勻並靜置鬆馳 10 分鐘左右。
- 生白蝦去殼、去除沙線,並用鹽、米酒抓揉,靜置 10 分鐘。
- 在鐵盤上及四角均勻刷上油。
- 每次倒粉漿份量約 60 ～ 70g,倒之前一定要再次攪拌。

做法

01　水波爐選擇**手動加熱**ソフト蒸し **→95℃** 預熱 5 分鐘。把粉漿攪拌後倒入平的鐵盤,放入水波爐內以 **95℃ 蒸 4 分鐘**。

02　出爐後,待稍涼,用刮板輕輕腸粉鏟起。

03　放入蝦仁並捲起,再次放入水波爐內以 **95℃ 蒸 5 分鐘**。

04　將港式甜醬油的材料用鍋子煮,煮至冰糖融化即可(每個醬油品牌味道不盡相同,可自行調整份量)。出爐後,淋上甜醬油。

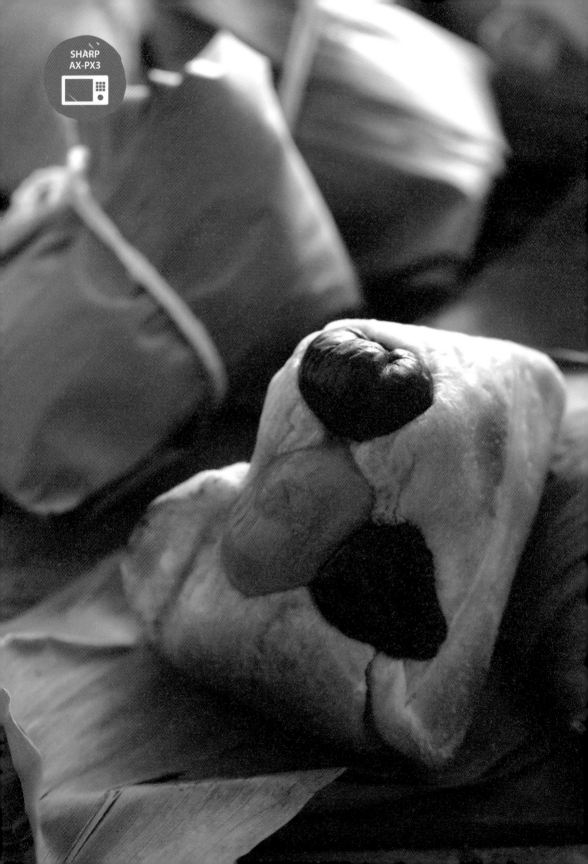

作者 | Mo Liu

發酵　烤盤位置｜**中層**　儲水盒水位｜**1**

烘烤　烤盤位置｜**下層**　儲水盒水位｜**0**

粽子麵包

水波爐設置｜烘烤 170℃ 5 分鐘 → 發酵 30℃ 35 分鐘 →
發酵 35℃ 30 分鐘 → 烘烤 180℃ 25 分鐘

材料（6 個）

粽葉 ·····················12 張
鹹蛋黃 ···············3 ～ 6 顆
甘栗 ·····················6 ～ 12 顆
蜜黑棗 ·····················6 顆
燻雞肉 ·····················適量

麵包麵糰
（參照中部電機食譜）

中種

| 高筋麵粉 ·············· 140g
| 水 ·························· 84g
| 酵母粉 ··················· 0.8g

主麵糰

| 高筋麵粉 ·············· 35g
| 水 ·························· 21g
| 酵母粉 ··················· 1.5g
| 黑糖 ······················ 14
| 鹽 ·························· 1.8g
| 奶粉 ······················ 7g
| 無鹽奶油 ··············· 15g

準備

- 粽葉洗淨晾乾備用。
- 鹹蛋黃以 170℃烘烤 5 分鐘，放涼備用。

做法

01　將麵糰部分的中種材料全部混合成團，放室溫密封靜置 3 小時。

02　將 01 加入主麵糰材料中，揉成光滑的麵糰，放入水波爐中以 **30℃發酵 35 ～ 45 分鐘**。

03　將發酵後的 02 分割為每個 50g 的麵糰，共 6 個。包入燻雞肉後，收口整圓。

04　將包餡麵糰放入粽葉，然後將鹹蛋黃、蜜棗乾和甘栗放在麵糰上方，將粽葉依
　　包粽方式捆紮起來，這時粽葉裡是鬆鬆的，以預留二次發酵及烘烤膨脹的空間。

 →  →

 →

05　放入水波爐，以 **35℃進行二次發酵 30 ～ 40 分鐘**。

06　水波爐預熱後，以 **180℃下層烘烤 25 分鐘**後，即完成。

・鹹蛋黃依喜好，可斟酌包入半顆或 1 顆。
・甘栗依喜好可斟酌包入 1 ～ 2 顆。
・對蛋黃腥味敏感的人，可以在鹹蛋黃烘烤前，撒上少許米酒去
　除腥味。
・不必擔心粽葉和麵包無法分開，粽葉上不需任何處裡，烘烤完
　成後，打開粽葉，麵包會自然脫模，便能完整取出麵包食用。

烤盤位置｜**下層**　儲水盒水位｜**2**

SHARP
AX-SA100

法式雞肉鹹派

水波爐設置｜

手動加熱 → 水波（蒸氣）烘烤 → 預熱 200℃ → 10 ～ 15 分鐘
手動加熱 → 水波（蒸氣）烘烤 → 預熱 200℃ → 20 分鐘
手動加熱 → 水波（蒸氣）烘烤 → 預熱 200℃ → 10 ～ 15 分鐘

作者｜**Yi-chien Li**

材料（6 吋）

派皮

低筋麵粉	85g
無鹽奶油	40g
糖粉	5g
蛋黃	1 個
水	17g
鹽	1/4 小匙

蛋奶液

全蛋	1 顆
動物鮮奶油	100g
牛奶	100g
低筋麵粉	20g
鹽	1/8 小匙
黑胡椒	1/8 小匙

鋪底餡料

蒜頭	5g
洋蔥	80g
蘑菇	100g
橄欖油	5ml
義大利香料	1/2 小匙
鹽	1/8 小匙

上層鋪料

去骨雞腿肉	150g
鹽	1/8 小匙
黑胡椒	1/8 小匙
雙色起司絲	120g

準備

- 低筋麵粉與糖粉過篩備用。
- 蒜頭切末、洋蔥切小丁、蘑菇切薄片備用。
- 肉類食材切片或切丁備用。

做法

01　先將低筋麵粉和軟化的無鹽奶油在鋼盆中拌勻，再將派皮中剩餘的材料倒入盆中，抓勻即可。不可過度抓拌，以免麵糰出筋。將麵糰壓平裝入塑膠袋中（避免風乾）放入冰箱冷藏 1 小時（或冷凍半小時）。

02　將蛋奶液的所有材料混合拌勻，過篩，再加入適量的鹽和黑胡椒拌勻備用。

03　鍋中加入少許油，依序放入蒜末、洋蔥丁和蘑菇。將食材炒軟炒香後，加入義大利香料及鹽巴調味。從鍋中取出放涼備用。

04　雞腿肉用鹽及黑胡椒抓醃後放置約 10 分鐘。取一平底鍋，將雞腿肉煎熟備用。鍋中無需放油，雞皮先朝下，煎上色後，再翻至另一面煎熟。取出放涼備用。

05　取出冰硬的派皮，用擀麵棍擀成約 7.5 吋的圓形，再用擀麵棍捲起，放入模中整形。若擔心烤模沾黏，不好脫模，可事先塗上一些奶油。記得用叉子將派皮邊緣壓緊，並用叉尖在派皮底部戳洞（防止烘烤時，底部膨脹）。

 →

06　水波爐**預熱至 200℃**，**放入派皮烤 10 ～ 15 分鐘**，烤至略為金黃（依上色狀況調整時間）。

07　取出派皮（可趁熱再略為整形，例如，膨脹的部分用湯匙或叉子壓平）。

08　底部鋪上鋪底餡料（洋蔥蘑菇炒料），再淋上蛋奶液，上層再放入煎熟的雞腿肉，就可放入預熱好的**水波爐烤 20 分鐘**至內餡定型。若烤完後內餡水分仍多，可視情況再增加烘烤時間。

 →

09　取出後，在派的上面鋪滿起司絲，再放入預熱好的水波爐烤 10 ～ 15 分鐘，烤至起司絲變成金黃即可出爐。略放涼後，即可脫模食用。

 →

・依經驗烤的過程中派皮會略縮，所以整形的時候，建議將派皮略高於烤模約 0.3cm。
・我用過好幾種烤模，都發生過不好脫模的狀況，後來改用鋁箔的烤模，問題就克服了。

烤盤位置 | 上層　　儲水盒水位 | 0

水果吐司布丁

水波爐設置 | **手動烘烤** → **預熱 160℃** → **150℃ 15 分鐘** → **200℃ 5 分鐘**

作者 | 令意

材料（四皿，11.5×9.5×3cm）

吐司 ·····························4 片　　　砂糖 ·····························20g　　　煉乳（或砂糖）···········適量

雞蛋 ·····························3 個　　　（可視喜好增減）

鮮奶 ·····························415g　　　新鮮水果 ·····················適量

（約蛋液的 2 ～ 3 倍）　　　（香蕉、芒果、草莓、桑葚……）

準備

- 水果洗淨瀝乾，切成小塊。
- 烤皿塗上奶油，水波爐預熱 160℃。

做法

01　吐司切成小塊（手撕亦可），放入烤皿中，喜歡酥脆口感者，可將吐司立著放置，讓較多的吐司邊露出烤皿

02　雞蛋加入砂糖打散（打蛋器貼近鍋底快速畫圓，盡量不要打入空氣），並確定砂糖已溶解。接著，加入牛奶，攪勻成蛋奶液。

03　蛋奶液倒入烤皿中，吐司要完全吸到蛋奶液，可將吐司稍壓浸一下，或靜置 2 ～ 3 分鐘以吸收蛋奶液。

04　烤皿擺在平烤盤中央。烤盤放在原廠烤盤中，**入爐放上層，以 150℃ 烤 15 分，改 200℃ 再烤 5 分鐘。**

05　布丁吐司烤好出爐，放上切塊的水果，淋上少許煉乳。

- 水果也可以改用各式果乾（先泡水，再加入一起烤）。
- 不加煉乳，不妨改撒點糖粉或是脆脆的砂糖，會有不一樣的口感。
- 本食譜鮮乳用量為蛋液的 2.5 倍，少一點較 Q，多一點軟嫩。

作者 | 莊子瑩

芒果優格奶酪

水波爐設置 | **手動加熱** → ソフト蒸し → **70℃**

材料（4 人份）

無糖優格	250g	芒果	1 顆
吉利丁	2 片	牛奶	50ml
蜂蜜	50g		

準備

- 將吉利丁拆小片泡在冰水中，約 10 分鐘。
- 吉利丁軟化後，擠乾水份備用。

做法

01　準備一個大碗，放入牛奶、優格、吉利丁。

02　把 01 放入爐中，選擇**手動加熱中的ソフト蒸し，溫度設 70℃，時間設 8 分鐘**。

03　出爐後加入蜂蜜攪拌均勻，倒入準備好的容器內。待稍涼後，放入冰箱冷藏 3 小時以上，定型後即完成。

TIPS　奶酪上面可鋪上喜歡的當季水果或果醬，嚐起來更加美味。

SHARP
AX-XP100

作者 | 莊子瑩

烤盤位置 | **上層**　儲水盒水位 | **2**

優格生巧克力

水波爐設置 | **手動加熱** → **ソフト蒸し** → **70℃**

材料

無糖優格 ………… 60 ～ 75g
75% 黑巧克力片 ……… 100g
法芙娜無糖可可粉 … 2 大匙

準備

- 拿一個小容器，鋪上烘焙紙。
- 將巧克力片切成小塊，放入大碗中備用。

做法

01　將巧克力塊放入爐中，選擇**手動加熱** → **ソフト蒸し** → **70℃** → **5 分鐘**。

02　取出後，倒入優格攪拌均勻。

03　將巧克力優格倒入容器中，均勻抹平。蓋上蓋子，可置於冷藏至少 1 小時，或是冷凍庫 30 分鐘（依份量增加時間）。

04　拿出定型的巧克力，切成片狀後，均勻撒上可可粉。

SHARP
AX-XP200

作者｜洪莞茹

烤盤位置｜上層　儲水盒水位｜2

薑汁撞奶

水波爐設置｜**牛乳自動加熱功能 ➜ 以 85℃ 蒸煮 45 分鐘**

材料（1 人份）

成分無調整全脂鮮奶
..............................200ml

老薑汁..........................30ml

冰糖..................0 ～ 3 小匙

（依個人喜好）

準備

- 使用磨薑板磨老薑，然後使用紗布，擠壓出薑汁 30ml，備用。

做法

01　牛奶使用**牛乳自動加熱**功能，加熱後，放入冰糖攪拌溶解。

02　將薑汁連同底下白色沉澱物，攪拌均勻倒入玻璃罐中，再放入 01 的加糖牛奶攪拌均勻。

03　蓋上耐熱蓋（或包鋁箔紙），放入水波爐中以 **85℃ 低溫蒸煮 45 分鐘**。

04　取出放涼 15 分後，視個人喜好添加甜味享用。

- 老薑所含的蛋白酶成分較高，較易成功。成功與否，可在撞奶上放一支湯匙，不會沉下即表示成功。
- 亦可使用定溫自動加熱功能，將加糖後的牛奶加熱至設定溫度 85℃，然後一口氣倒入攪拌均勻的薑汁大碗中，靜置數分鐘即凝固完成。

SHARP
AX-SA100

烤盤位置 | **下層**　儲水盒水位 | **0**

布丁燒

水波爐設置 | **手動加熱烘烤（烤箱）功能** → **預熱 180℃** → **行程約 60 分鐘**

作者 | 黃鈺婷（Sheila Huang）

材料（9杯）

焦糖液

細砂糖	30g
熱水	15g

布蕾液

香草莢	1/2 支
（或香草精 5 滴）	
鮮奶油	225ml
鮮奶	75ml
細砂糖	20g
蛋黃	4 顆
全蛋	1 顆

蛋黃糊

鮮奶	70ml
奶油起司（Cream cheese）	
	135g
玉米粉	15g
低筋麵粉	40g
蛋黃	3 顆

蛋白霜

蛋白	3 顆
細砂糖	40g
檸檬汁	5ml

做法

01 **焦糖**：砂糖倒入鍋中加熱至融化成焦糖色，糖液開始起泡後，倒入熱水快速攪拌均勻，將焦糖（每杯約 1 ～ 2g）舀入布丁杯，放涼備用。

02 **布蕾**：取出香草籽、香草莢（或加入香草精）、鮮奶油、鮮奶以及細砂糖一起隔水加熱到 60 ～ 70℃，加入蛋黃及全蛋快速攪拌均勻，布丁液過篩 3 次後，平均倒入烤杯中備用，每杯約 35 ～ 40g。

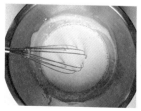 →  →

03 **蛋黃糊：**
鮮奶、Cream cheese 隔水加
熱到微溫無顆粒，快速拌入
蛋黃液，再加入過篩粉類攪
拌至無顆粒，即完成蛋黃糊。

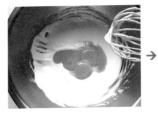 →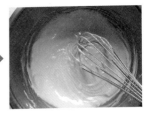

04 **蛋白霜：**細砂糖分 3 次倒入蛋白中，再加入檸檬汁，
打發蛋白至成尾端呈現約 5 ～ 6cm 長不滴落彎勾，取
1/3 蛋白霜與蛋黃糊輕柔拌勻，再將剩下的蛋白霜混入
拌勻。

05 完成的麵糊平均置入已裝有焦糖及布丁的杯子中，每杯
約 35 ～ 40g。

06 選擇**手動加熱烘烤（烤箱）功能預熱 180℃**。使用水浴
法，在烤盤倒入熱水約 2/3 ～ 3/4 烤盤深，入爐後馬上
降溫至 **140℃烤 10 分鐘**。降溫至 **110℃烤 45 分鐘**。

07 **升溫至 190℃上色 2 分鐘，調頭再烤 2 分鐘上色**。結
束後不要馬上取出，於爐內燜約 5 ～ 10 分鐘後再取出。

· 蛋糕體放涼後，會內縮是正常的。
· 焦糖液儘量不超過 2g，避免放涼時，蛋糕體內縮，焦糖液滲出過多。
· 水浴法使用熱水，避免布丁液沒烤熟。
· 蛋白霜不要打太發，避免烤時過度膨脹。

烤盤位置 | 下層　儲水盒水位 | 0

指形小西餅

水波爐設置 | 烤箱 170℃ /12 ～ 15 分鐘

材料

a

蛋黃	60g
糖	30g

b

蛋白	120g
糖	90g
鹽	少許
低筋麵粉	150g

c

糖粉	適量

做法

01　將材料 a 以打蛋器充分混合均勻，打發至泛白的程度。

02　將材料 b 中的蛋白先用打蛋器打出大泡沫，然後分 2-3 次加入糖及鹽，改用高速攪打，用一隻手扶著鋼盆慢慢旋轉，另一隻手拿打蛋器固定不動的方式來攪打，將蛋白打到拿起打蛋器尾巴呈現挺立的狀態即可。

03　先取 1/3 蛋白霜加入蛋黃麵糊攪拌均勻後，再全部倒入蛋白霜中，使用橡皮括刀沿著盆邊翻轉，並以劃圈圈的方式攪拌均勻。

04　將已經過篩的粉類分 2 次加入麵糊中，用橡皮刮刀或圓弧刮板以按壓方式，快速混合至無粉粒狀即可。

05　混合完成的麵糊裝入平口花嘴的擠花袋中。

06　在烤盤上鋪上烘焙紙間隔擠出，長度約 7 ～ 10cm 距離約留 3cm 左右。

07　在擠好的麵糊上以濾網篩上一層糖粉（避免出爐時，表面會濕粘）。

08　**手動烤箱功能預熱 170℃**，放入水波爐中，**烘烤 10 分鐘**左右時，請隨時注意上色程度，至表面呈現金黃色即可。

TIPS

烤箱溫度請依自家烤箱為主，即使是同廠牌水波爐的烤箱溫度已不盡相同，請依照擠花出來的大小，來調整烤溫和時間。

烤盤位置｜**下層**　　儲水盒水位｜**0**

丹麥酥餅

水波爐設簧　　烤箱180℃烤 18～20 分鐘

作者｜劉照鑫

材料

無鹽發酵奶油‥‥‥‥‥240g	低筋麵粉‥‥‥‥‥‥‥360g
三溫糖（或糖粉）‥‥‥120g	鹽‥‥‥‥‥‥‥‥‥‥少許

準備

- 無鹽發酵奶油放置室溫軟化備用。
- 水波爐預熱 180℃。

TIPS 烤箱溫度請依自家烤箱為主，即使是同廠牌水波爐的烤箱溫度已不盡相同，請依照擠花出來的大小，來調整烤溫和時間。

做法

01 待無鹽發酵奶油放置室溫軟化後，加入三溫糖、鹽打發，至奶油顏色變白且呈現絨毛狀為止。

 →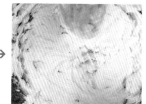

02 分 2～3 次加入過篩低筋麵粉，然後用刮刀切拌的方式，攪拌至麵糊光滑細緻呈無粉粒狀。

 →

03 將菊花形的花嘴事先裝入擠花袋中，將麵糊裝入擠花袋中，在烤盤上擠出成型。（若使用原廠烤盤請鋪上烘培紙，若是不沾烤盤，則不需要鋪紙）

04 放入水波爐中，以**手動烤箱功能 #25 預熱 180℃**，防止上色不均，烘烤 10 分鐘時，可 180 度調轉方向，約 15 分鐘左右時，請一邊注意爐中狀況，待餅乾上色，即可出爐，放涼裝盒。

SHARP
AX-GX2

作者｜ Coco Chen

烤盤位置｜**上下層**　儲水盒水位｜**0**

什錦水果小西餅

水波爐設置｜**烤箱功能オーブン，160℃ 預熱** → **烤箱功能 25 分鐘（需要 160℃ 預熱）**

材料（約 66 片）

無鹽奶油 ·············· 150g	胡桃 ·············· 80g	水 ·············· 30ml
糖粉 ·············· 65g	葡萄乾 ·············· 50g	（加在果乾中使用）
中型雞蛋 ·············· 1 顆	青提子乾 ·············· 50g	
低筋麵粉 ·············· 300g	蔓越莓乾 ·············· 50g	

準備

- 無鹽奶油切小塊，室溫放軟至手指壓按，至會留下痕跡的程度。
- 切碎葡萄乾、青提子乾和蔓越莓乾，各加入 10ml 水泡軟。胡桃切成小塊。
- 低筋麵粉過篩備用。
- 全蛋稍微打散成混合蛋液。

做法

01　無鹽奶油加入糖粉，用打蛋器打發至微微發白。

02　在 01 中分 3 ～ 4 次加入蛋液，攪拌均勻，至蛋液完全被吸收，成滑順乳霜狀。

03　在 02 中分 2 ～ 3 次加入過篩的麵粉，改用刮刀以切拌刮壓的方式混合均勻，成為無粉粒麵糰；記得不要過度攪拌，以免出筋影響口感。

04　加入切碎的胡桃、葡萄乾、青提子乾和蔓越莓乾，攪
　　拌均勻。

05　麵糰放入塑膠袋中，冰箱冷藏 30 分鐘至稍硬些，取出
　　用擀麵棍將麵糰擀開成約 0.5cm 的薄片；再次放入冰
　　箱冷藏 1 小時（或冷凍 30 分鐘），取出後，用餅乾壓
　　模在麵皮上壓出餅乾造型，以一定間隔整齊地排放在
　　烤盤上。

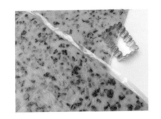

06　壓完餅乾剩下來的麵糰集合成一團壓實，重複 05 的
　　做法，直到麵糰用完為止。

07　**烤箱功能，以 160℃ 預熱**完成後，入爐，一次烤二盤，
　　烤約 25 分鐘；為防止上色不均，**中途請上下前後調盤**。
　　餅乾烤好後，移至鐵網架上冷卻，冷卻後，密封保存
　　以免回軟。

抹茶幸運草麵包

水波爐設置│手動調理　オーブン(烤箱)180℃預熱　180℃烘烤15～20分鐘

材料（5 個）

高筋麵粉 ·····················250g	鹽 ·····························3g
細砂糖·························25g	無鹽奶油（室溫）·········20g
速發酵母粉·····················3g	抹茶粉·······························5g
牛奶·····················170ml	水 ·····························5ml

準備

- 用 5g 抹茶粉 +5ml 的水（可增減），攪拌均勻成液狀抹茶備用。

做法

01　將麵糰材料（除了奶油）皆倒入攪拌缸，待打至擴展階段，再加入奶油，待奶油與麵糰攪拌均勻，見麵糰已呈現光滑狀即可取出。

02　將 01 平均分成兩個，取其一加入液狀抹茶，再放入攪拌缸攪拌成抹茶麵糰，然後把兩種麵糰揉圓，分開放入容器並蓋上保鮮膜置於室內溫暖處進行第一次發酵，所需時間約為 1 小時。

03　待麵糰膨脹至約二倍大，以手指沾麵粉，在麵糰中間輕壓出一個小凹洞，如果洞口不回縮維持原狀，代表發酵完成。將第一次發酵完的兩種麵糰放在桌面上，桌上撒上少許高粉，以手掌輕拍麵糰將內部的大氣體排出，兩種麵糰各分割成 5 等份揉圓，用保鮮膜蓋住鬆弛 20 分鐘。

04　將鬆弛好的原味麵糰擀成圓片狀，包入綠色麵糰後，收口捏緊朝下放。

 →

05 將 04 再次擀成圓片狀，用刮板均勻切成 8 等份，保持中間不不切斷。

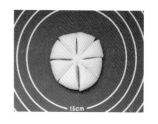

06 將 05 的每一瓣麵糰翻轉過來，切面朝上，再將切口輕輕整理一下，露出抹茶色即可。

07 將做好造型的麵糰擺放在烤盤上，啟動水波爐的烤箱模式，並選擇**烤箱發酵功能，並設定 35℃** 進行二次發酵約 40 ～ 50 分鐘，直到變成 1.5 ～ 2 倍大即可。

08 啟動水波爐的**烤箱模式**，並預熱至 180℃，取出二次發酵完的麵糰，放入**水波爐中層以 180℃ 上下火烤 15 ～ 20 分鐘**（視各家水波爐或烤箱溫度而定）。

烤盤位置｜上下兩盤 此機型無儲水盒，內有水波爐專用小水碗，裝滿即可

菠蘿麵包

水波爐設置｜按 15 發酵加濕 → 按發酵鍵轉 35℃，設定 1 小時 → 基本發酵 1 小時 → 按發酵鍵轉 35℃，設定 15 分鐘 → 中間發酵 15 分鐘

材料（12 顆）

麵糰（60g/ 顆）		菠蘿皮（25g/ 顆）	
高筋麵粉	340g	糖粉	68g
低筋麵粉	60g	鹽	1g
細砂糖	72g	奶油	68g
鹽	4g	奶粉	8g
冷水	208ml	全蛋	42g
全蛋	40g	低筋麵粉	150g
速發酵母	5g		
奶粉	16g		
奶油	40g		

做法

01 除了奶油，將麵糰材料放入攪拌缸，打至擴展階段，再加入奶油，待奶油與麵糰攪拌均勻，將麵糰放置在已鋪烤盤布的烤盤上。**水波爐設置：按 15 發酵加濕後 → 按發酵鍵轉 35℃，設定時間 1 小時，基本發酵 1 小時。**

02 麵糰每顆分割成 60g 共 12 顆，一一滾圓，一盤 6 顆分為兩盤放入水波爐。**水波爐設置：按發酵鍵轉 35℃，設定時間 15 分鐘，中間發酵 15 分鐘。**

 →

03 **製作菠蘿皮**：奶油打散後，加入糖粉和鹽攪拌均勻，然後加入全蛋拌勻，繼續加入奶粉和已過篩低筋麵粉，成糰後分割成每個 25g 的菠蘿皮，共 12 顆。

04 左手沾手粉，將菠蘿皮放在左手心，右手拿麵糰，用菠蘿皮包覆麵糰至底部。

 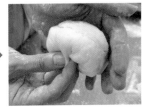

05 再發酵 40 ～ 50 分鐘。**水波爐設置：按 15 發酵加濕後 按發酵鍵轉 35℃，設定時間 40 ～ 50 分鐘。**

06 在後發酵 20 分鐘時，刷上蛋液，再繼續完成後發酵。

07 拿出後發完成的兩盤半成品，預熱水波爐。**水波爐設置：兩段烤盤按鈕連按二下，溫度設定 180℃，按開始按鈕，預熱。**

08 將菠蘿麵包放入已預熱完的水波爐中，**時間設定 20 分鐘。在烤焙 10 分鐘時，上下烤盤交換**，再前後轉向，烤至表面金黃色即可。

TIPS

· 擴展階段是指將麵糰已逐漸乾燥且有光擇，撐開來時，斷口處仍呈不規則狀，而非薄膜，但仍易斷裂。
· 請勿使用加濕發酵功能，否則菠蘿皮會無法自然裂開。

烤盤位置｜**下層**　　儲水盒水位｜**0**

迷你蜂蜜乳酪戚風蛋糕

烘烤 170℃，20 分鐘

材料（10 或 12cm 戚風模 1 個）

冰蛋黃	1 個	植物油	7g
奶油乳酪	15g	低筋麵粉	20g
蜂蜜	10g	冰蛋白	1 個
牛奶	10ml	糖	15g

準備

- 奶油乳酪放置室溫軟化。
- 低筋麵粉過篩備用。

做法

01　用打蛋器將奶油乳酪與蛋黃攪拌均勻，依序加入蜂蜜、牛奶跟植物油，攪拌均勻後，再加入麵粉拌勻，完成蛋黃糊。

02　**烤箱預熱至 170℃**（烤盤不用一起預熱）。

03　將蛋白以電動打蛋器（裝一支棒子）低速打成粗泡，然後轉高速，分 3 次加糖打發，在加入第 3 次糖時，轉低速，直到硬式發泡呈光澤感可拉出尖角，便完成蛋白糊。

04　取 1/3 蛋白糊加入蛋黃糊，用打蛋器攪拌均勻，加入剩下的蛋白糊，用刮刀從底部由下往上翻，用切拌方式重複至均勻。

05 混合好的麵糊倒入戚風模中，在桌上敲幾下震出氣泡，
放入預熱好的**烤箱 170℃ 烤 20 分鐘**。

06 烘烤完成立即取出，由高處摔落幾次，倒扣在有高度
的器皿上放涼，待完全涼透再脫模。

TIPS

・ 沒時間等奶油乳酪軟化，可使用 600W 微波 5 秒。
・ 調整打蛋白的速度，可讓氣泡均勻細緻，蛋糕體更為蓬鬆。
・ 混合麵糊時，儘量輕拌，避免因過度攪拌而出筋。
・ 麵糊入模輕震後，可再插入竹籤繞圈圈，消去氣泡。

HITACHI
MRO-NBK5000

烤盤位置│**中層**　儲水盒水位│**滿水位**（發酵時）

蔓越莓優格麵包

水波爐設置│麵包機功能 → 混合 → 攪拌 5 分 → 烏龍麵模式攪拌
16 分 → 第一次發酵（溫度 30℃，40 分） → 第二次發酵（溫度
35℃，20 分） → 烤箱 170℃，時間 20 分

作者│**KiKi Liang**

材料（8 個）

高筋麵粉 ·················· 300g　　糖 ························· 20g　　無鹽奶油 ·················· 20g
速發酵母 ························5g　　原味優格 ·············· 120g　　蔓越莓 ···················· 30g
鹽 ···························4g　　豆漿 ······················100ml

準備

- 先將高筋麵粉用篩網過篩、無鹽奶油切小塊、並將其他食材分別先秤好備用。
- 豆漿可以用牛奶取代。
- 蔓越莓可以用喜歡的果乾取代。

做法

01　將高筋麵粉、速發酵母、鹽、糖、原味優格和豆漿，倒入麵包機裡，選擇水波爐**麵包機功能 → 混合 → 攪拌時間設定 5 分**，先初步攪拌成團。

02　加入無鹽奶油及蔓越莓，選擇水波爐行程，選擇**烏龍麵模式攪拌約 16 分**，完成攪拌的麵糰，手摸不會沾黏，代表濕度剛好，若太黏，可再加點麵粉攪拌。

03　攪拌完成的麵糰，裝上水波爐水箱，進行第一次發酵，設定**麵包機功能 → 發酵溫度設定 30℃，時間為 40 分**。

04　將第一次發酵完成的麵糰拿出來，先秤重量，再切 8 等份滾圓，麵包大小可較平均。

05　將麵糰放入烤盤，放入水波爐進行第二次發酵，設定**麵包機功能 → 發酵溫度設定 35℃，時間為 20 分**。

06　用篩網撒上一些麵粉，用刀沾油，畫出花瓣。

07　水波爐設定**烤箱 2 段預熱至 170℃，烘焙時間 20 分**，水波爐烤箱預熱完成後，將麵包放入水波爐內，在烤焙 10 分鐘時，烤盤拿出轉 180 度再放入烤箱（即為烤盤前後對調），這樣烤色會比較均勻。

08　當行程跑完後，將麵包放在烤架上放涼，就有香噴噴的麵包可以享用。

SHARP
AX-SP1

烤盤位置｜中層　儲水盒水位｜0

迷你乳酪球

水波爐設置｜手動 - 烤箱 180℃ → 手動 - 烤箱
170℃ → 手動 - 烤箱 160℃

作者 | Yuuli Wu

材料（12 顆，直徑 4.5cm 塔模）

餅乾底		乳酪餡			
無鹽奶油	25g	奶油乳酪	120g	玉米粉	5g
砂糖	10g	無鹽奶油	10g	蛋黃	2 顆
低筋麵粉	40g	砂糖	20g	香草精	1/2 小匙

準備

- 奶油、奶油乳酪放室溫軟化。
- 低筋麵粉、玉米粉過篩備用。蛋黃分離好備用。
- 塔模抹上一層奶油（份量外），撒上低筋麵粉。
- 水波爐預熱 180℃。

做法

01　**餅乾底**：將無鹽奶油與糖打至泛白，呈羽毛狀。加入低筋麵粉後，拌勻至看不見粉粒，直接用手將麵糰揉成團。

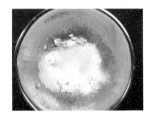

02　將 02 以保鮮膜包好，冷藏一下。幫助之後分切整形起來更方便。

03　**乳酪餡**：將奶油乳酪與奶油一起攪拌成乳霜狀。然後加入糖攪拌均勻。

04 將過篩的玉米粉，加入 03 中攪拌均勻。

05 再加入蛋黃與香草精。攪拌均勻，即完成乳酪餡。

 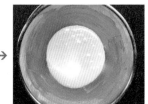

06 將餅乾底生麵糰自冰箱取出後，均分為 12 等分。

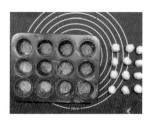

07 麵糰放入烤模壓緊。放入預熱好 **180℃ 的水波爐烤 10 分鐘**（有香味傳出，表面微黃即可）。

08 乳酪餡裝入擠花袋平均擠入烤模。放入**水波爐以 170℃ 烤 10 分鐘**，再降溫到 **160℃ 烤 10 分**。至表面金黃即可出爐。稍微放涼後即可脫模。

TIPS 這點心冷藏後，會更美味。

SHARP
AX-XP100

黑糖南瓜 QQ 球

水波爐設置 | **手動加熱 → 烤箱模式 → 要預熱 → 180℃ → 15 分鐘**

作者 | **Grace Chen**

材料(2～4人份)

南瓜	1/2 顆
地瓜粉	80g
無鹽奶油	30g
黑糖	20g
（視南瓜甜度增減）	

準備

- 南瓜洗淨切小塊，放入電鍋蒸 15 分鐘至軟熟後，去皮，取 200g 用叉子壓成南瓜泥備用。
- 烤盤鋪上烘焙紙。

做法

01　將所有食材攪拌均勻，搓柔成 5 元硬幣大小的圓形，整齊排列在烤盤上。

02　入爐，**手動加熱 → 烤箱模式 → 要預熱 → 180℃ → 烤 15 分鐘**，即完成。

烤盤位置│上層 **儲水盒水位│0**

馬卡龍

水波爐設置│一段烘烤 140℃ 15 分鐘

材料（約 30 個）

杏仁膏

蛋白 A	30g
糖粉	100g
杏仁粉	100g

（糖粉與杏仁粉以 1：1 比例
混和成杏仁糖粉）

色素	1g

蛋白霜

糖	92g
蛋白 B	36g

卡布奇諾巧克力夾餡

鮮奶油	80g
白巧克力	120g
咖啡濃縮液	6g
瑪沙拉酒	10g
奶油	20g

準備

• 將杏仁粉與糖粉過篩後，混合均勻。

馬卡龍做法

01　將蛋白 A 倒了混合後的杏仁糖粉中，加入色素後，拌勻成杏仁膏。

02　將糖倒入蛋白 B 中攪拌後，以隔水加熱方式加熱至 50℃後，即可開始打發，打發至硬性發泡（蛋白尖峰不下垂狀）。

03 先加入 1/3 打發的蛋白至混合後的杏仁膏後，充分拌勻。

04 再加入剩餘 2/3 的蛋白到麵糊中，並小心攪拌至麵糊
均勻，至麵糊呈現表面光滑流暢程度即可。

05 用 1cm 口徑圓型花嘴，在矽膠模型墊上一一擠出直徑
3.5cm 大小的圓。放置在乾燥處至表面乾燥為止（約
30 ～ 45 分鐘）。

06 放入水波爐中，以 **140℃ 烘烤 15 分鐘**。

卡布奇諾巧克力內餡做法

01 將鮮奶油煮滾後，倒入白巧克力中，靜置 1 分鐘後，再攪拌乳化均勻。

02 加入咖啡濃縮液後，攪拌。

03 待巧克力溫度降至 30℃ 後，加入馬沙拉酒及室溫奶油，再以手持均質機（或打
蛋器、攪拌器）攪拌均勻即可。

04 放置冰箱 2 小時後，再擠入馬卡龍中即可。

烤盤位置｜上層　儲水盒水位｜0

蘭姆葡萄餅乾

水波爐設置｜烤箱預熱 160℃ → 烤箱模式 160℃ 烤 20 分鐘

作者｜**Kikii Cheng**

材料（約 24 份）

餅乾體	
無鹽奶油	180g
糖粉	100g
蛋黃	3 個
杏仁粉	100g
低粉	250g

奶油餡	
無鹽奶油	150g
糖粉	100g
奶粉	20g
葡萄乾	適量

蘭姆葡萄乾 ……… 數量不拘
（以葡萄乾能完全浸泡在蘭姆酒中即可）

準備

- 無鹽奶油放置室溫至軟化。
- 麵粉過篩備用。

做法

01　在軟化的奶油中加入糖粉，以攪拌器低速攪拌均勻。然後加入杏仁粉，再次拌勻。

02　於 01 中分次加入蛋黃，每次拌至看不到蛋黃後，再加入下一顆。

03　將過篩後的麵粉分次加入 02 中，攪拌均勻。

04　麵糰擀成約 0.5cm 厚度，切成每一片約 6×4cm 長方形的大小，放進已預熱好的爐中，烤約 20 分鐘之後，取出放涼備用。

 →

05　奶油內餡的奶油一樣放置室溫待其軟化，加入糖粉及奶粉攪拌均勻。再拌入適量的蘭姆葡萄乾。

06　將奶油內餡夾入已經冷卻的餅乾中，放置冰箱冰涼，即可食用。

SHARP
AX-XP200

烤盤位置｜上層　儲水盒水位｜0

波爾多可麗露

水波爐設置｜一段烘烤 200℃ 90 分鐘

作者 | 蔣頌廷

材料（約 30 個）

蛋黃	6 個	牛奶	1000ml
全蛋	2 個	香草豆莢	2 支
糖	400g	融化奶油	50g
蘭姆酒	120g		
麵粉	240g		

做法

01　將香草豆莢剖開，用刀子刮出香草籽，連同豆莢一起放入一半的鮮奶中，用鍋子加熱至滾，即可加蓋，熄火後靜置。

02　全蛋與蛋黃混合後，加入糖，打至麵糊均勻。

03　加入融化的奶油拌勻後，分次加入麵粉，再加入蘭姆酒拌勻。

04　將煮過的牛奶與另一半牛奶混合後，加入麵糊中拌勻，期間不要過度攪拌，以免產生氣泡。

05　在刷好烤盤油的模具中裝入麵糊，麵糊液面離杯口約 1cm，不要完全裝滿，送入**預熱 200℃**的水波爐。

06　持續**烘烤 25 ～ 30 分鐘**時，可露麗麵糊會開始膨脹，若膨脹過於劇烈時，要帶著隔熱手套將烤盤取出，使模具稍微降溫，讓麵糊回到烤模中，才不會產生可露麗掛耳，頂部上色不足，形狀不明顯的現象。

07　當模具開口處麵糊表面顏色呈現咖啡色時，加一塊烤盤在烤箱的上一層保護，避免過焦。續烤 60 分鐘，烤好，立刻倒扣脫模，使其冷卻，冷卻後表皮就會變得酥脆。

Panasonic
BS-1200

烤盤位置｜**中層**　儲水盒水位｜**滿水位**

Pavlova 紐西蘭甜點

水波爐設置｜烤箱功能預熱至 150℃ →130℃ 烘烤 80 分鐘

作者 | Jeff Su

材料（2 人份）

基底

蛋白 ···························· 2 顆

三溫糖 ···················· 100g

水果醋 ···················· 1 小匙

玉米粉 ························ 5g

香草精（或香草豆莢）

···························· 1g ～ 2g

配料

（可依照個人喜好選擇季節水果）

百香果 ·················· 約 8 顆

奇異果 ···················· 2 顆

準備

• 奇異果去皮後，切片或切丁

• 百香果取出果肉集中

做法

01　將 2 顆蛋白以電動攪拌機打至微發泡。

02　加入糖與水果醋繼續打發。

03　水波爐使用烤箱功能預熱至 150℃。

04　把 02 打發後，再加入玉米粉與香草精繼續打發，放入烤盤（形狀可依照個人喜好），但高度約需 2 ～ 3cm。

05　放入已預熱完成的水波爐內，調整爐內溫度至 130℃烘烤 80 分鐘。烘烤結束後，不開爐門並靜置，待冷卻至常溫。

06　取出已冷卻的基底，鋪上奇異果果肉，再鋪上百香果果肉即完成。

 三溫糖與香草精的份量，可依個人喜好適量調整。

SHARP
AX-XP100

水煮蛋

鹽味奶油厚片吐司

一爐多菜　　烤盤位置 | 吐司在上，水煮蛋在下　　儲水盒水位 | 2

鹽味奶油厚片吐司 + 水煮蛋

水波爐設置 | #19 烤魚 + 茶碗蒸

吐司材料

厚片吐司 ······················· 半片
無鹽奶油 ················· 1 小塊
鹽 ································· 適量
糖 ································· 適量

水煮蛋材料

中型雞蛋 ······················· 1 顆

準備

• 厚片吐司可先冷凍，料理時不需退冰，直接用麵包刀輕輕在表面劃 2 ～ 3 道，舖上厚厚的奶油、均勻在表面撒上鹽和糖。

做法

01　在角皿舖淺型調理網，放上厚片吐司，置於水波爐上層，儘量放在兩側。

02　拿一耐熱容器，放入中型雞蛋，置於下層靠近最內側處。

03　選擇 **#19 烤魚 + 茶碗蒸模式，一、二人份**，時間約 22 分鐘，行程倒數 8 ～ 7 分 30 秒左右，即可先出爐。

HITACHI
MRO-NS8

免油炸
鳳梨蝦球

蜂蜜酥烤
杏仁鮭魚

作者｜**2 老 +2 小 / 料理 x 玩樂**

`一爐多菜` `烤盤位置｜上層` `儲水盒水位｜0`

免油炸鳳梨蝦球 +
蜂蜜酥烤杏仁鮭魚

水波爐設置｜

免油炸鳳梨蝦球：行程 36 炸雞塊模式 14 分鐘 → 取出翻面烤 7 ～ 10 分鐘

蜂蜜酥烤杏仁鮭魚：行程 36 炸雞塊模式 14 分鐘 → 取出翻面烤 13 分鐘

→ 將鮭魚塊兩面刷上適量蜂蜜，再續烤 7 分鐘

免油炸鳳梨蝦球材料（3 人份）

白蝦（或蝦仁）……………15 隻	**調味料**	**醃料**
樹薯粉…………………………7g	檸檬汁………………1/4 顆	蛋黃………………1/2 ～ 1 顆
（建議章源台灣蕃薯粉）	美乃滋…………………適量	（依照蝦子的量做調整）
罐頭梨……………………1/2 罐		鹽………………………1/4 小匙
		玉米粉…………………1/2 小匙

蜂蜜酥烤杏仁鮭魚材料（3 人份）

鮭魚………………………200g	**調味料**	**醃料**
蛋白…………………………1 顆	蜂蜜…………………適量	酒………………………適量
杏仁片………………………65g		檸檬汁…………………適量
低筋麵粉……………………適量		鹽………………………1/4 小匙

準備

- 將冷凍白蝦放置水龍頭流水沖洗 2 ～ 3 分鐘退冰解凍後，去掉蝦頭和蝦殼後，蝦仁用少許鹽抓醃 5 分鐘，然後在水龍頭下沖洗乾淨，將蝦仁身上的黏液沖洗掉，用餐巾紙將蝦仁的水份擦乾。在蝦背深深畫下一刀，但不要切斷，並挑出泥腸丟棄。
- 蝦仁用醃料（蛋黃、鹽、玉米粉）混合均勻醃漬 20 分鐘備用。
- 抓醃後的蝦仁，裹上適量樹薯粉後，拍掉多餘的粉。
- 把鳳梨罐頭的湯汁濾掉，把四分切鳳梨再切成八分切並瀝乾，並將美乃滋與檸檬汁拌勻備用。
- 新鮮鮭魚或是解凍後的鮭魚先用清水洗過，拿廚房紙巾將表面水分擦乾後，將鮭魚以 3x4cm 切塊（半解凍的狀態下，較好切塊）。
- 在鮭魚兩面抹上一點米酒和檸檬汁去腥，再撒上 1/4 小匙薄鹽。
- 切塊的鮭魚裹上薄薄的低筋麵粉後，浸泡在蛋白裡以裹上蛋白，取出後再沾裹上適量杏仁片。

01 水波爐原廠黑烤盤鋪上烘焙紙後，放上已經抹油的烤網，再放上蝦仁和鮭魚塊，並以蝦背朝上的方式擺放並等待反潮（也就是樹薯粉變溼的意思），如果蝦仁上還有樹薯粉，不妨噴點食用油。

02 放進水波爐上層後，選擇**行程 36 炸雞塊模式**，**入爐後約 14 分鐘**左右，將蝦仁和杏仁鮭魚塊翻面，再繼續行程續烤約 7 ～ 10 分鐘後，即可先取出蝦仁備用，杏仁鮭魚塊則繼續行程比蝦仁多烤 3 ～ 5 分鐘，見杏仁鮭魚塊上色後，在杏仁鮭魚塊二面刷上適量蜂蜜，最後再烤 7 分鐘即可完成（依鮭魚塊量的多寡所需時間不同）。

03 琺瑯盤放入八分切且瀝乾水份的鳳梨，放入水波爐選擇烤箱模式並以 180℃ 烤約 10 分鐘烤乾水份後，拌入已加入檸檬汁的美奶滋，即完成免油炸鳳梨蝦球。

· 蝦頭不要丟掉，可以 200℃ 烤 15 ～ 20 分鐘待上色變脆後，放冷凍保存，需要時，可拿來熬高湯。

· 美乃滋放入預熱過的鍋中拌至融化後，再放入蝦仁、鳳梨片快速拌勻，這樣美乃滋才會均勻，整體口感才會融合一致。

· 步驟 03 也可改用鍋子來處理，熱鍋後將適量鳳梨下鍋乾炒，將水分炒乾後，拌美奶滋後熄火，再放入炸蝦球攪拌，即完成。

SHARP
AX-XP100

醋拌時蔬

山東烤雞

山東烤雞＋醋拌時蔬

水波爐設置｜100℃烘烤 60 分鐘 →200℃烘烤上色

作者 | 吳明石

山東烤雞材料

玉米雞（母）	滷水		醃料	
……1 隻（約 1900g）	水…………200ml		醬油…………1/2 大匙	
	鹽……………14g		醬油膏………1/2 大匙	

醋拌時蔬材料

紫洋蔥…………1/2 顆	櫛瓜（黃、綠）… 各 1/3 條	醋拌時蔬醬汁
甜椒（紅、黃）… 各 1/4 顆	澄清奶油……………15g	高粱醋……………25g
玉米筍…………1 盒		燒肉醬……………50g
		糖………………5g

準備

- 紫洋蔥半顆切成圈、並去心。櫛瓜切成片狀。
- 將滷水材料調製在一起備用。
- 將醃料材料調製在一起備用。
- 將醋拌時蔬醬汁調製在一起備用。
- 全雞去掉脖子及雞腳，然後用剪刀剔除雞胸頂端一個 V 字型的骨頭。
- 用針筒將滷水由雞胸前端注入兩邊雞胸各 70g，另外，由腳踝處沿著腿骨，將剩餘的滷水注入雞腿，靜置 24 小時。

做法

01　準備一鍋滾燙熱水及一鍋冰水。將雞放入滾水中汆燙 20 秒後，再放入冰水中浸泡 20 秒，重複上述動作兩次。用廚房紙巾吸乾水分後置入冷藏室，冷藏 24 小時。

02　用雞骨剪刀由背部尾端朝前端剪開，之後，將雞體掰開，再由雞胸處切成兩半。置於烤架上。

03　水波爐使用**烘烤模式預熱至 100℃**，將雞連同烤架放入水波爐上層（腿朝內），以 **100℃ 烘烤 60 分鐘**，最後再以 **200℃ 烘烤上色**出爐。

04　出爐的雞靜置 45 分鐘後，雞身刷上醃料著色，重複兩次。待醃料乾後，刷上澄清奶油，置於烤架上。

05　將蔬菜與醬汁拌勻後，倒入烤盤，上方疊著烤架，放置在水波爐上層。以 **200℃，烤 10 分鐘**出爐。

澄清奶油

將奶油加溫至 40℃，奶油會融化成三層次，上層是酪蛋白與氣泡，中層是金黃色的澄清奶油，下方則是白色的蛋白質與乳糖。

在雞、鴨表體塗抹澄清奶油，形成的油膜可減少水分蒸發，還能防止膠原蛋白組織收縮，並排出內側脂肪和水分，烤出香脆的外皮。同時澄清奶油因已除去蛋白質與乳糖等成分，不會引發梅納反應，使肉類表皮不易燒焦。

 因澄清奶油久置會氧化，要使用之前再製作較佳。

SHARP
AX-XP100

紅糟燒肉

蠔油貴妃魚

一爐多菜　烤盤位置｜上層紅糟肉；下層貴妃魚　儲水盒水位｜2

紅糟燒肉 — 蠔油貴妃魚

水波爐設置｜內建行程 #19

作者｜吳明石

紅糟燒肉材料

伊比利豬五花肉

·······················1 條（500g）

葡萄籽油 ························· 10g

醃料

紅糟 ···························· 15g

米酒 ···························· 10g

蠔油 ···························· 18g

薑末 ····························2g

香油 ····························1g

味醂 ····························5g

冰糖 ···························· 10g

五香粉 ························· 3g

裹粉

奶油麵粉 ···················· 40g

配料與沾醬

嫩薑絲 ····························

海山醬 ····························

貴妃魚材料

貴妃魚 ············1 條（400g）

調味料

蠔油 ···························· 15g

蔥段 ···························· 1 支

蔥絲 ···························· 些許

薑絲 ···························· 些許

胡蘿蔔絲 ···················· 些許

準備

• 五花肉去皮，切成寬度 2.5cm 的長度，以醃料醃 72 小時。

• 魚洗淨汆燙後，擺在魚盤，下方墊蔥段，上方放置蔥段及薑絲，淋上蠔油。備用。

做法

01 將醃製好的五花肉用廚房紙巾拍乾，裹上奶油麵粉。靜置 5 分鐘後，再次裹上奶油麵粉。用刷子輕輕刷掉多餘的粉，使五花肉表面呈現一層均勻薄粉的狀態。

02 烤盤上加入葡萄籽油，置入水波爐上層，燒烤預熱。

03 預熱完成後，將五花肉擺入烤盤，放置在水波爐上層。貴妃魚之魚盤，則置於蒸盤後放入水波爐下層。用**內建行程 #19 上烤下蒸**，進行調理。

04 行程剩 8 分鐘時，將五花肉翻面。最後 5 分鐘時，取出上方盤中的蔥段，換上新的蔥段、薑絲及胡蘿蔔絲。繼續加熱，直到行程跑完。

05 出爐，紅糟五花肉切片後，搭配嫩薑絲，佐上海山醬食用。

SHARP
AX-XP100

一爐多菜 | 烤盤位置｜下層 | 儲水盒水位｜ 2

德國豬腳 | 免炸地瓜條

水波爐設置｜100℃烘烤 2 ～ 3 小時

德國豬腳

免炸地瓜條

作者 | 吳明石

材料

伊比利豬前腿蹄膀
.... 1 個（1050g）
家樂福冷凍地瓜條 300g

調味料

李錦記蜜汁烤肉醬 ... 25g
澄清奶油 10g
（參考 P225 做法）
黃芥末 30g
蜂蜜 20g
（依喜好自行調整）

滷水

水 400g
鹽 24g

準備

- 蹄膀放置冷藏室，用滷水醃製 5 小時以上。（如以滷水專用針筒注入更佳）。
- 蹄膀置入深鍋，倒入冷水，用中火加溫，直到水滾浮出白色浮渣，用細網撈除浮渣，之後撈出蹄膀，置入冰水冰鎮。

做法

01　蹄膀用 Anova（慢煮棒或舒肥機）以 68℃ 慢煮 27 小時，如果沒有 Anova，也可改用水波爐以 **100℃烘烤 2 ～ 3 小時**（依蹄膀大小時間不同，可用探針溫度計量測溫度 68℃）。

02　出爐後，放入冰水冰鎮。

03　待涼後，用 48 針刀刺皮，以防止燒烤上色時爆裂（沒有針刀，可用鑽子刺戳）。刷上蜜汁烤肉醬（兩次）。待乾後，再刷上澄清奶油。

04　將 03 連同冷凍地瓜條一起放置在烤架上，烤架下方放置不鏽鋼烤盤，接滴下來的油水。放置水波爐上層，用**手動水波燒烤行程，燒烤 17 分鐘**出爐。

05　蹄膀切片，沾黃芥末與蜂蜜調合之沾醬食用。

06　地瓜條可依個人口味撒少許莫頓鹽或椒鹽粉。

醬燒豬五花野菜蒸
佐柑橘醋醬

蜂蜜味噌
雞肉串燒

作者 | 莊子螢

蜂蜜味噌雞肉串燒 +
醬燒豬五花野菜蒸佐柑橘醋醬

水波爐設置 | **#19 烤魚 + 茶碗蒸**

串燒材料

去骨雞腿塊·1 盒（約 250g）

味噌·············2 又 1/2 大匙

醬油·························2 大匙

蜂蜜·············1 又 1/2 大匙

米酒·························1 小匙

七味粉·········少許（串燒用）

豬五花材料

豬五花片 ·············6 ～ 8 片

燒肉醬···4 ～ 5 大匙（市售）

高麗菜·························適量

胡蘿蔔·····················3 ～ 5 片

綠花椰菜 ···········3 ～ 5 朵

香菇 ······················3 ～ 5 朵

美白菇······················1 包

柑橘醋醬···適量（蔬菜沾醬）

準備

• 串燒用的竹籤建議泡水 1 小時以上。

• 去骨雞腿肉切成大塊，加入上述調味料，放入冰箱冷藏至少 30 分鐘。把入味的雞腿肉用竹
  籤串起。

• 豬五花肉片加入燒肉醬，放入冰箱冷藏至少 30 分鐘。

• 清洗各式蔬菜，綠花椰菜切成小朵，胡蘿蔔片切成薄片。綠花椰菜可另外放耐熱容器備用。

做法

01　在角皿舖淺型調理網，雞肉串燒置於水波爐上層，儘量放在兩側。

02　可用竹籠當容器，除了綠花椰菜，放入各式蔬菜及肉片。

03　**選擇 #19 烤魚 + 茶碗蒸模式，1 ～ 2 人份**，時間約 22 分鐘，行程倒數 11 ～
  10 分鐘左右，打開爐門，快速地放入綠花椰菜，並將雞腿翻面。

04　行程結束，可先取出上層，下層視份量多寡，可放爐內多燜 1 ～ 2 分鐘。

SHARP
AX-GX2

香烤杏鮑菇

異國風烤雞翅

作者 | Coco Chen

一爐多菜 烤盤位置｜上層 儲水盒水位｜2

異國風烤雞翅 +
香烤杏鮑菇

水波爐設置｜水波燒烤功能ウォーターグリル，**25 分鐘（無需預熱）**

烤雞翅材料（2～3 人份）

雞翅（二節翅中段，肉雞）
⋯⋯⋯⋯⋯⋯⋯⋯⋯⋯⋯10 隻

白酒（或米酒）⋯⋯⋯2 大匙

醃料

　新鮮迷迭香⋯2～3 小段

　義大利綜合香料 1/4 小匙

　奧勒岡 ⋯⋯⋯⋯1/2 小匙

黑胡椒 ⋯⋯⋯⋯1/4 小匙

鹽 ⋯⋯⋯⋯⋯1/2 小匙

蒜末 ⋯⋯⋯⋯⋯2～3 瓣

橄欖油 ⋯⋯⋯⋯⋯1 大匙

香烤杏鮑菇材料（2～3 人份）

杏鮑菇 ⋯⋯⋯⋯⋯3～4 根

巴西里（洋香菜）⋯⋯⋯適量

調味料

　黑胡椒 ⋯⋯⋯⋯1/4 茶匙

　義大利綜合香料 1/4 茶匙

　鹽 ⋯⋯⋯⋯⋯1/4 茶匙

　橄欖油 ⋯⋯⋯⋯1 大匙

準備

- 新鮮迷迭香，只取細葉，葉梗不要。蒜頭切末。
- 二節雞翅取中段（肉厚且不易烤焦），用 2 大匙白酒或米酒殺菌洗淨，酒倒掉。接著，在雞翅背面靠近骨頭肉厚的地方劃一刀，不要割破雞翅正面的雞皮，然後，拿叉子在雞翅的正面及背面戳洞。將醃料拌入雞翅混合，揉一揉按摩雞翅，密封置入冰箱冷藏，醃漬 2 小時以上（隔夜更入味，最長醃 2 天）。
- 杏鮑菇洗淨後，切片備用。

01 切片杏鮑菇放進烤皿中，加入調味料，攪拌混合；放在水波爐原廠烤盤的正中間。水波爐原廠烤網直接架放在盛放杏鮑菇的烤皿上面。

02 雞翅剝去迷迭香細葉，防烤焦黑，雞皮面朝上，放置在烤網上。入爐，放水波爐上層。

03 **水波燒烤功能ウォーターグリル，無預熱，燒烤時間約 25 分鐘**；為防止上色不均，中途請前後調盤，約 20 分鐘左右請看一下爐，以防烤焦。

04 杏鮑菇擺盤後，撒上一些綠色的巴西里以增色添味。

· 如果找不到新鮮迷迭香，不妨改用義大利綜合香料，醃料再增加 1/4 茶匙，即可。
· 上層燒烤雞翅，下層燒烤杏鮑菇，讓雞油滴下，增添杏鮑菇風味。

酥炸肋排

香蒜透抽

什錦蔬菜

一爐多菜　烤盤位置｜上層　儲水盒水位｜2

酥炸肋排 + 香蒜透抽 +
什錦蔬菜

水波爐設置｜內建行程 #19

作者｜吳明石

肋排材料

伊比利豬肋排…………500g	醬汁	二砂糖………………25g
雞蛋…………………1 顆	蒜蓉………………25g	高粱醋………………100g
奶油麵粉……………50g	番茄醬………………100g	鹽……………………3g
（參考 P099 的做法）	泰式辣椒醬…………75g	太白粉………………50g
葡萄籽油……………10g	柳橙汁………………25g	

香蒜透抽材料

透抽……………………1 條
淡色醬油……………………
蒜瓣……………………2 瓣

什錦蔬菜材料

筊白筍…………………3 支	調味料
甜豆夾………………20 個	高粱醋………………50g
精靈菇………………1 小包	二砂糖………………20g
黑珍珠………………1 小包	鹽……………………1g
	香油………………少許

準備

- 肋排剁成 5cm 長，雞蛋打散，放入肋排中拌勻，醃製至少 1 小時備用。
- 透抽去內臟、剝皮，用小刀劃井字型（內側）。
- 將高粱醋、二砂糖及鹽調合，待砂糖溶解後，與什錦蔬菜拌勻後置於陶皿。
- 蒜瓣壓碎後調和淡色醬油成沾醬。

01　肋排與奶油麵粉混拌後，靜置 5 分鐘，拍掉多餘的麵粉。

02　肋排平舖烤架，淋上葡萄籽油。烤架放烤盤上，置於水波爐上層。透抽切塊用陶皿盛裝，置於洞洞蒸盤右邊。左邊擺上裝有什錦蔬菜之陶皿。連同蒸盤一起置入水波爐下層。

03　選擇**內建行程 #19，上烤下蒸，自動烤蒸。**

04　鍋中加少許油，放入蒜蓉爆香加入醬汁材料煮開，再放入太白粉水勾芡。

05　出爐後肋排淋上勾芡醬汁，或與醬汁拌炒後勾芡。

06　透抽搭配沾醬食用，什錦蔬菜淋上香油拌勻，即可上桌。

SHARP
AX-XP200

櫛瓜釀花枝漿

鮮菇雞肉彩椒盅

蘆筍培根
魚捲

是拉差醬
蜂蜜雞翅

作者 | **Jenny Lam**

是拉差醬蜂蜜雞翅 + 蘆筍培根魚捲 + 櫛瓜釀花枝漿 + 鮮菇雞肉彩椒盅

水波爐設置 |

上層—烤：是拉差醬蜂蜜雞翅 + 蘆筍培根魚捲　　下層—蒸：櫛瓜釀花枝漿 + 鮮菇雞肉彩椒盅

是拉差醬蜂蜜雞翅材料

雞翅（中間那段）……10 只	
蒜頭……………………6 瓣	

調味料

是拉差醬…1 又 1/2 湯匙	
蜂蜜………………3 湯匙	
魚露………………1 湯匙	
意大利黑醋………2 小匙	

芡汁

醃雞翅剩下調味料………	
玉米粉………………少許	

鮮菇雞肉彩椒盅材料

彩椒…………………2 個	
紅椒………………1/2 個	
雞腿肉……………120g	
鴻禧菇 A……………70g	
蒜頭………………3 瓣	
香菜…………………適量	

醃料

油…………………1/2 湯匙	
麻油…………………少許	
蠔油………………1/2 小匙	
魚露………………1 小匙	
砂糖…………………少許	
紹興酒……………1/2 湯匙	
玉米粉………………少許	

櫛瓜釀花枝漿材料

花枝漿……………150g	
蝦味魚卵……………20g	
櫛瓜…………………1 條	

芡汁

魚露…………………少許	
蠔油…………………少許	
砂糖…………………少許	
玉米粉………………	
清水…………………適量	

蘆筍培根魚捲材料

蘆筍………………24 支	
培根…………………6 片	
鴻禧菇 B…………1 小把	
魚柳………………數片	
日式照燒醬…………適量	

準備

- 雞翅洗淨瀝乾，放入密實袋中，再倒混合好的調味後，醃漬 3 小時。
- 蒜頭略拍扁、香菜切段備用。
- 雞腿洗淨瀝乾，去皮後，肉切小塊。醃料、蒜頭放入雞肉中拌勻，醃 1 小時左右。
- 鴻禧菇 A 洗淨瀝乾備用，紅椒去籽切絲。

- 彩椒洗淨後擦乾表皮，切掉頂部（佔彩椒 1/4），並用小匙挖掉中央的籽。
- 櫛瓜洗淨橫切，約 2.5cm ～ 3cm 厚度切成幾段，挖空中央，釀入花枝漿。
- 魚柳、鴻禧菇 B、蘆筍洗淨瀝乾（魚柳若太厚，可切成兩小薄片）。
- 蘆筍頂端切成 9cm 長（只取頂端），鴻禧菇 5、6 條一組。

01 先放一片魚柳，培根鋪面，再放上 4 支蘆筍、1 組鴻禧菇，把魚柳培根慢慢捲起，並用牙籤固定。

02 烤盤鋪上鋁箔紙，烤架置於烤盤中，烤架刷上一層油，雞翅放在烤架上方。雞翅先入爐，放上層，關上爐門，按**手動加熱 → 水波燒烤 → 無需預熱 → 7 分鐘 → 開始**。

03 將醃好的雞肉和紅椒、鴻禧菇拌勻後，釀入彩椒中，並放在烤盤左側（彩椒蓋也放在烤盤上）。把櫛瓜放在蒸盤上，放在水波爐烤盤的右側。

04 當雞翅完成首階段 7 分鐘燒烤過程後，接著，櫛瓜釀花枝漿和鮮菇雞肉彩椒盅放下層。關爐門後，按**料理選擇 → 檢索 → 輸入編號 → 9 → 決定 → 決定 → 3 ～ 4 人份 → 開始**。

05 當螢幕上計時顯示剩餘 10 分鐘，打開爐門，快速放入蘆筍培根魚捲，並關上爐門，按「開始」繼續行程。

06 水波爐運作期間，準備櫛瓜釀花枝漿的芡汁。燒熱炒鍋，加入少許油，轉小火，加入芡汁煮滾。

07 水波爐行程完結後，取出上下兩層烤盤。先把櫛瓜釀花枝漿逐一放在盆子上，把蝦味魚卵鋪在花枝漿面，再緩緩淋上 06 準備的芡汁。

08 把彩椒盅轉換到上菜盆，把香菜撒在雞肉上。

09 雞翅出爐後，炒鍋開小火，倒入少許油，待油熱下芡汁，並加入烤好的雞翅，邊煮邊拌，直至芡汁濃稠，關爐火完成。

10 最後，取出蘆筍培根魚捲擺盤，並塗上照燒醬。

\ 史上最強！/

━━ 水波爐脫油減鹽料理來囉！━━

蒸、烤、煎、炒、炸、燉及烘焙，只要一機就能通通搞定！分享本書即有機會獲得英國 FALCON 獵鷹琺瑯派盤組、客製水波爐烤架、特選海鮮肉類食材組……等多樣好禮！

| 活動時間 | 即日起～ 2017/12/31(一) 23:59 止

| 活動參加方式 |

拍下《史上最強！水波爐脫油減鹽料理 117》實體書與任一道料理合照，於個人 facebook 分享並寫下「我愛《# 水波爐脫油減鹽料理 117》」 #悅知文化 」、tag 3 位好友，完成留言並設為公開。**完成以上步驟，即可參加抽獎唷！**

| 抽獎好禮 |

❶【ㄚ翔肉舖】精選肉品組／共 10 名
(培根牛 500 克 ×2、花枝漿 145 克 ×1、骰子牛 500 克 ×1，市價 830 元)

❷【明石工作室】客製化水波爐烤架或蒸盤乙份 (可自選適用品牌)／共 5 名

❸【Pessicat 百事貓】英國 FALCON 獵鷹琺瑯 20cm 派盤 2 入／共 5 名
(白色藍邊，市價 800 元)

❹【有心肉舖子】精選肉品組／共 3 名
(放心豬－豬里肌肉片、黃金土雞－去皮胸肉、里肌肉、去骨雞腿肉、月球放山土雞－去骨雞腿肉各 1，市價 1110 元)

❺【有心肉舖子】官方網站購物 85 折優惠序號／共 3 名 (使用期限至：107/2/28 止)

❻【永齡農場】有機蔬果箱／共 5 名 (蔬菜類 250gx3 包、瓜果類 x4 種，市價 820 元)

❼【台灣好漁】寶貝高鈣鱸魚鬆／共 10 名 (150g，市價 250 元)

| 注意事項 |

1. 2018/1/8 (一) 將於本悅知文化 facebook 粉絲專頁公布得獎者名單，後續將以私訊聯繫獎項寄送事宜
2. 獎項寄送地區僅限台灣本島
3. 嚴禁使用他人照片，若經查證將取消參加資格
4. 贈送獎項不可折現與更換
5. 主辦單位悅知文化保有活動變更之權利

感謝ㄚ翔肉舖、明石工作室、Pessicat 百事貓、有心肉舖子、永齡農場、台灣好漁 熱情贊助

SHARP

健康美味 交給水波爐

SHARP首創過熱水蒸氣低氧烹調，全程0微波健康調理，新一代更搭載紅外線感應器智慧溫控實現多功烹調，滿足多樣化的菜色需求，廚房只要有水波爐，料理無難事！

New │自動調理

可同時料理冷凍、冷藏、常溫等不同溫度的食材，省去解凍的麻煩。

New │上烤下蒸

上下分層，不同料理可同時烹調，燒烤、蒸煮兩道美味一次出爐！

AX-XP4T(R)

HEALSIO水波爐的烹飪秘密

將大量「過熱水蒸氣技術」直接對食物噴發，並採用獨家專利「高氣密技術」的門條防護設計增強爐門密度。此一獨特「過熱水蒸氣技術」與「高氣密技術」，可使HEALSIO水波爐在低氧環境下實現「0微波」，並減少細胞的氧化和破壞，烹調出最健康的自然美味。

- 去除多餘的油脂與鹽分
- 降低食材細胞破壞，減少養分流失
- 抗氧化，保留完整營養素

大量的過熱水蒸氣 ＋ 高氣密技術門條防護設計 ＋ 不銹鋼庫內

↓

氧濃度1%以下0微波低氧烹調

水 加熱 水蒸氣 高溫加熱 過熱水蒸氣 ➡ 食品

專利過熱水蒸氣　0微波健康烹調

0微波
過熱水蒸氣烹飪

「業界唯一的水波爐」，SHARP首創過熱水蒸氣低氧烹調，減少食材油脂，降低鹽分，保留人體必須維生素，照顧全家人的健康。

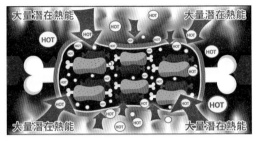

大量潛在熱能　大量潛在熱能
大量潛在熱能　大量潛在熱能

※1 SHARP開發的過熱水蒸氣技術在日本已獲得520件專利，日本國內申請件數截至2012年7月為止。

過熱水蒸氣原理

過熱水蒸氣是將一般水蒸氣加熱至高於100℃，把它變成無色、透明的水分子氣體。當過熱水蒸氣接觸到食物時，這些細小的水分子便能將539卡/公克的巨大熱能轉移到食物之中，這種使用大量熱能技術來烹調的方法，就是「過熱水蒸氣技術」。

SHARP開發業界唯一的水波爐

HEALSIO水波爐是業界第一個將過熱水蒸氣技術，全程應用在烹調食物上，有別於一般採用過熱水蒸氣結合微波加熱功能，在日本已獨獲520件專利※1，成為市場上唯一且最受歡迎的水波爐。

AX-WP5T

脫油　烤雞腿肉(橘醬)1人份卡路里熱量

脫油率※2
3.8倍

349kcal　305kcal
平底鍋　前代水波爐 AX-WP5T

減鹽　鹽鮭魚減鹽率

減鹽率
14倍

減少0.6%　減少8.4%
燒烤網　前代水波爐 AX-WP5T

保留營養素

細胞壁遭到破壞 營養容易流失

微波爐/對流加熱烤箱加熱後，食物變乾，紋路明顯

細胞壁未遭破壞

以HEALSIO水波爐加熱後營養美味，接近原貌

花椰菜的維他命C殘餘率

保存維他命C
1.23倍

69.7%※3　86.5%※3
鍋子　前代水波爐 AX-WP5T

葫蘿蔔(片)擴散在口腔中的甜分量

甜味成分 約提升
3.8倍

1215μg※3　2830μg※3
微波爐加熱　前代水波爐 AX-WP5T

水波爐與傳統加熱方式的比較

水波爐創新的過熱水蒸氣技術，不同於傳統加熱方式，可減少食材細胞的破壞與氧化，烹調出最原汁原味的自然美味。

微波	蒸氣	燒烤	水波爐！大勝
能快速加熱食物，但往往會破壞食物細胞。	一般蒸氣加熱時間長，容易導致食物軟爛。	食物容易變成金黃色，但熱能不容易轉移到食物內部。	結合蒸氣與對流加熱，能保持肉多汁，外軟嫩的口感。

※1 參料自(財)日本食品分析中心的結果(第20806105056號,H20.6.24),根據本公司測驗結果及及文安料學省「日本食品標準成分表」為基準。本公司所計算出版一分的卡路里對值。※2 AX-WP5T與一般微波母譜之間的差異。※3 本公司表賀燒。※試計【委託分析洽】:(財)日本食品分析中心【驗驗分析成績發行日期及號碼】:發料自:H21.6.12第209060073-004號。本公司根據此結果與測驗驗料測驗。※細項成【委託分析洽】(財)日本食品分析中心【驗驗分析成績發行日及使用】:花椰菜:H21.7.30第2090714●歸分食物(線)【查料分析洽】:財)日本食品分析中心【驗驗分析成績發行日及使用】:葫蘿蔔:H23.5.10第1102666700-01號。本公司根據此結果驗驗及過敏測驗的結果。計數出部分。※4 採用本公司一般的烤箱燒波爐RE-S31C之鐵。【其它】卡路里值、減鹽率、維他命C殘餘率、甜味成分量、部味成分量、因食材的不同,以及烹調方式不同而有所差異。

台灣夏普官方網站
http://www.sharp.com.tw

台灣夏普聯合服務中心
服務電話:0809-090-510　服務時間:9:00~21:00　週一至週日

史上最強！
水波爐脫油減鹽料理117

蒸煮炒烤煎炸燉，就連烘焙也沒問題

作　　者｜水波爐同樂會
發 行 人｜林隆奮 Frank Lin
社　　長｜蘇國林 Green Su

出版團隊

總 編 輯｜葉怡慧 Carol Yeh
企劃編輯｜石詠妮 Sheryl Shih
封面裝幀｜江孟達工作室
版面設計｜黃靖芳 Jing Huang
攝　　影｜王正毅 Cheng-yi Wang
編輯校對｜Shih Yi

行銷統籌

業務處長｜吳宗庭 Tim Wu
業務經理｜蘇倍生 Benson Su
業務專員｜鍾依娟 Irina Chung
業務秘書｜陳曉琪 Angel Chen
　　　　　莊皓雯 Gia Chuang
行銷企劃｜朱韻淑 Vina Ju

發行公司｜精誠資訊股份有限公司 悅知文化
　　　　　105台北市松山區復興北路99號12樓
訂購專線｜(02) 2719-8811
訂購傳真｜(02) 2719-7980
悅知網址｜http://www.delightpress.com.tw
客服信箱｜cs@delightpress.com.tw
ISBN：978-986-95620-3-4

建議售價｜新台幣399元
初版一刷｜2017年11月
初版四刷｜2019年06月

國家圖書館出版品預行編目資料

史上最強！水波爐脫油減鹽料理117：蒸
烤煎炒炸燉，就連烘焙也沒問題／水波爐
同樂會作. -- 初版. -- 臺北市：精誠資訊，
2017.11
　　面；　公分
　　ISBN 978-986-95620-3-4(平裝)
　　1. 食譜

427.1　　　　　　　　　　　106020674

建議分類｜生活風格・烹飪食譜

著作權聲明

本書之封面、內文、編排等著作權或其他智慧財產權均歸
精誠資訊股份有限公司所有或授權精誠資訊股份有限公司
為合法之權利使用人，未經書面授權同意，不得以任何形
式轉載、複製、引用於任何平面或電子網路。

商標聲明

書中所引用之商標及產品名稱分屬於其原合法註冊公司所
有，使用者未取得書面許可，不得以任何形式予以變更、
重製、出版、轉載、散佈或傳播，違者依法追究責任。

版權所有　翻印必究

本書若有缺頁、破損或裝訂錯誤，請寄回更換
Printed in Taiwan

讀 者 回 函　《史上最強！水波爐脫油減鹽料理117》

感謝您購買本書。為提供更好的服務，請撥冗回答下列問題，以做為我們日後改善的依據。
請將回函寄回台北市復興北路99號12樓（免貼郵票），悅知文化感謝您的支持與愛護！

姓名：＿＿＿＿＿＿＿＿＿＿＿　性別：□男　□女　　年齡：＿＿＿歲

聯絡電話：(日)＿＿＿＿＿＿＿　(夜)＿＿＿＿＿＿＿＿＿

Email：＿＿＿＿＿＿＿＿＿＿＿＿＿＿＿＿＿＿＿＿＿＿＿＿＿

通訊地址：□□□-□□ ＿＿＿＿＿＿＿＿＿＿＿＿＿＿＿＿＿＿＿

● 請問您在何處購買本書？

實體書店：□誠品 □金石堂 □紀伊國屋 □其他＿＿＿＿＿＿＿＿

網路書店：□博客來 □金石堂 □誠品 □PCHome □讀冊 □其他＿＿＿

● 購買本書的主要原因是？(單選)

□工作或生活所需 □主題吸引 □親友推薦 □書封精美 □喜歡悅知 □喜歡作者 □行銷活動

□有折扣＿＿＿折 □媒體推薦＿＿＿＿＿＿＿＿＿＿＿

● 您覺得本書的品質及內容如何？

內容：□很好 □普通 □待加強 原因：＿＿＿＿＿＿＿＿＿＿

印刷：□很好 □普通 □待加強 原因：＿＿＿＿＿＿＿＿＿＿

價格：□偏高 □普通 □偏低 原因：＿＿＿＿＿＿＿＿＿＿

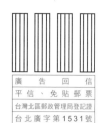

SYSTEX | 悅知文化
making it happen 精誠資訊 | Delight Press

精誠公司悅知文化　收

105 台北市復興北路99號12樓

（　請沿此虛線對折寄回　）

dp 悅知文化
Delight Press